Christoph Huber

Bauliche Veränderungen an betrieblich genutzten Gebäuden

Christoph Huber

Bauliche Veränderungen an betrieblich genutzten Gebäuden

Möglichkeiten zur Vereinheitlichung unternehmensrechtlicher und steuerlicher Bilanzierung

Lehrbuchverlag

Imprint

Cover image: www.ingimage.com

Publisher:
Der Lehrbuchverlag
is a trademark of
Dodo Books Indian Ocean Ltd., member of the OmniScriptum S.R.L Publishing group
str. A.Russo 15, of. 61, Chisinau-2068, Republic of Moldova Europe
Printed at: see last page
ISBN: 978-620-0-44671-8

Abstract (deutsch)

Bei der Beurteilung von baulichen Veränderungen an betrieblich genutzten Gebäuden treten sowohl in unternehmensrechtlicher als auch in steuerlicher Hinsicht häufig Abgrenzungsschwierigkeiten zwischen einem aktivierungspflichtigen Herstellungsaufwand und einem grundsätzlich sofort aufwandswirksamen Erhaltungsaufwand auf. Zudem sieht das UGB eine eigenständige Definition von Herstellungsaufwand vor, der steuerlich nicht gefolgt werden kann. Dadurch kann die bauliche Veränderung eines betrieblich genutzten Gebäudes unter Umständen einen unternehmensrechtlichen Herstellungsvorgang auslösen, während derselbe Sachverhalt in steuerlicher Betrachtung den Erhaltungsaufwendungen zuzurechnen ist.

Liegt im Kontext baulicher Veränderungen an betrieblich genutzten Gebäuden Herstellungsaufwand vor, ist dieser stets zu aktivieren und wirkt sich somit jedenfalls auf die Folgebewertung des Gebäudes aus. Dabei ist weder im UGB noch im EStG abschließend geklärt, inwiefern sich eine solche Baumaßnahme auf die bestehende Nutzungsdauer des Gebäudes auswirkt und ob diese stets beim betreffenden Gebäude zu aktivieren ist oder ob auch eine eigenständige Behandlung möglich ist. Zusätzlich können nachträgliche Baumaßnahmen außerplanmäßige Wertminderungen bei einem Gebäude vermeiden bzw eine solche durch deren Unterlassen verursachen. Lösen bauliche Veränderungen an einem Gebäude eine Wertaufholung nach der Vornahme einer außerplanmäßigen Wertminderung aus, können diese sowohl im UGB als auch im EStG eine Zuschreibung beim Gebäude notwendig machen.

Im Rahmen der vorliegenden Masterarbeit werden die unterschiedlichen Konsequenzen von baulichen Veränderungen auf den bilanzierten Gebäudewert und deren Auswirkungen auf die Folgebewertung in unternehmensrechtlicher und steuerlicher Sicht untersucht und verglichen sowie Möglichkeiten zur Vereinheitlichung von unternehmensrechtlicher und steuerlicher Bilanzierung aufgezeigt. Dabei werden mit dem Ziel der Vereinheitlichung der Unternehmens- und Steuerbilanz Überlegungen getroffen, wie eine einheitliche Behandlung baulicher Veränderungen an betrieblich genutzten Gebäuden erreicht werden kann. Hierbei gilt es, die unterschiedlichen Zielsetzungen der Unternehmens- und Steuerbilanz zu berücksichtigen und bei den Überlegungen zur Vereinheitlichung besonders auf die Vereinfachung für den Bilanzierenden und somit auf eine Reduzierung des Verwaltungsaufwandes einzugehen.

Abstract (english)

When assessing structural changes to buildings used for business purposes, it is often difficult to distinguish between construction costs that must be capitalized and maintenance costs that must be expensed immediately. In addition, the UGB provides for an independent definition of production costs, which cannot be followed for tax purposes. This means that the structural alteration of a building used for business purposes may, under certain circumstances, trigger a production process under company law, while the same situation is to be allocated to maintenance expenses for tax purposes.

If construction costs are incurred in the context of structural changes to buildings used for business purposes, these must always be capitalised and thus affect the subsequent valuation (depreciation) of the building. However, neither the UGB nor the EStG conclusively clarify the extent to which such a construction measure affects the existing useful life of the building and whether it must always be capitalised for the building in question or whether it can also be treated independently. Moreover, subsequent construction measures can avoid unscheduled depreciations of a building or cause such depreciations through their omission. If structural changes to a building trigger a reversal of an impairment loss after a previous unscheduled depreciation, these changes can also result in a write-up to the building in UGB and EStG as well.

This master's thesis examines and compares the various consequences of structural changes on the reported value of a building and their effects on the subsequent valuation from a corporate and tax law perspective, as well as demonstrating possibilities for the standardization of corporate and tax accounting. With the aim of standardising the corporate and tax balance sheets, consideration is being given to how to achieve uniform treatment of structural changes to buildings used for business purposes. Here it is important to take into account the different objectives of corporate and tax balance sheets and, when considering standardisation, to pay particular attention to simplification for the person preparing the balance sheet and thus to a reduction in administrative costs.

Inhaltsverzeichnis

Tabellenverzeichnis

Abkürzungsverzeichnis

Abs	Absatz
Afa	Absetzung für Abnutzung
AfaA	Absetzung für außergewöhnliche technische oder wirtschaftliche Abnutzung
AG	Aktiengesellschaft
AP	Aktivposten
BBi	Bilanzbuchhalter Info
BFH	Bundesfinanzhof
bspw	beispielsweise
BStBl	Bundessteuerblatt
BW	Buchwert
bzw	beziehungsweise
dh	das heißt
EDV	Elektronische Datenverarbeitung
EStG	Einkommensteuergesetz
EStR 2000	Einkommensteuerrichtlinien 2000
et al	et alii
etc	et cetera
EU	Europäische Union
f	und der/die folgende
ff	und die folgenden
FJ	Finanz Journal
gem	gemäß
GmbH	Gesellschaft mit beschränkter Haftung
GoB	Grundsätze ordnungsmäßiger Buchführung
H	Heft
hA	herrschende/r Ansicht
hM	herrschende/r Meinung
HNO	Hals-Nasen-Ohren
Hrsg	Herausgeber
IAS	International Accounting Standards
idF	in der Fassung
idR	in der Regel
IFRS	International Financial Reporting Standards
inkl	inklusive
insb	insbesondere
InvPrG	Investitionsprämiengesetz
iSd	im Sinne des
iVm	in Verbindung mit

iwp	Institut Österreichischer Wirtschaftsprüfer
iZm	in Zusammenhang mit
Jakom	Jahreskommentar
KonStG	Konjunkturstärkungsgesetz
KStG	Körperschaftsteuergesetz
lit	litera
mE	meines Erachtens
OGH	Oberster Gerichtshof
ÖStZ	Österreichische Steuerzeitung
oV	ohne Verfasser
pa	per anno
PwC	PricewaterhouseCoopers International
RÄG	Rechnungslegungsänderungsgesetz
RdW	Recht der Wirtschaft
RFH	Reichsfinanzhof
RStBl	Reichssteuerblatt
RWP	Rechnungswesen für die Praxis
RWZ	Zeitschrift für Recht & Rechnungswesen
Rz	Randziffer
sog	sogenannte/n
StRefG	Steuerreformgesetz
SWK	Steuer- und WirtschaftsKartei
Tab	Tabelle
uB	unter Berücksichtigung
UFS	Unabhängiger Finanzsenat
UGB	Unternehmensgesetzbuch
usw	und so weiter
Vgl	Vergleiche
VwGH	Verwaltungsgerichtshof
Z	Ziffer
zB	zum Beispiel

I. Einleitung

1. Thematischer Zugang und Themeneingrenzung

Bei der Analyse von Jahresabschlüssen kann man feststellen, dass Gebäude häufig einen wesentlichen Anteil der Aktivseite der Bilanz einnehmen. Diese stellen für viele Unternehmen die Grundlage ihrer betrieblichen Tätigkeit dar und werden meist über viele Jahre hinweg genutzt. Wie bei jedem abnutzbarem Vermögensgegenstand kommt es in aller Regel auch bei Gebäuden im Laufe der betrieblichen Verwendung zu Abnutzungserscheinungen bzw zu einem altersbedingten Verschleiß. Damit das Gebäude weiterhin ordentlich genutzt werden kann ist es daher oft notwendig, an diesen bauliche Maßnahmen vorzunehmen. Dies selbst dann, wenn das Nutzungspotential des Gebäudes noch nicht vollständig verbraucht ist. Außerdem kommt es insb bei rasch wachsenden Unternehmen häufig vor, dass die Kapazitäten der bestehenden Betriebsgebäude nicht mehr ausreichend den Anforderungen des Unternehmens entsprechen. Dies kann zB dann der Fall sein, wenn neue Mitarbeiter eingestellt werden sollen und schlichtweg keine Räumlichkeiten für diese verfügbar sind. Auch dann werden oft Investitionen an bestehenden Gebäuden zB in Form einer Aufstockung getätigt.

Im Rahmen solcher Baumaßnahmen stellt sich die Frage, wie diese bilanziell zu behandeln sind. Dabei kommt es häufig zu Unklarheiten bzw Abgrenzungsschwierigkeiten sowohl bei der grundlegenden Unterscheidung zwischen Herstellungs- und Erhaltungsaufwand als auch bei der Beantwortung der Frage, wie sich entsprechende Baumaßnahmen auf die Folgebewertung des Gebäudes auswirken. Zudem lässt sich in betreffender Thematik keine vollständige Übereinstimmung zwischen Unternehmens- und Steuerrecht erkennen, was weitere Problemstellungen mit sich bringt.

Da in dieser Arbeit Baumaßnahmen an Betriebsgebäuden behandelt werden, gilt es zunächst festzustellen, welche Bauwerke unter den Begriff „Gebäude" zu subsumieren sind. Ob ein Gebäude vorliegt, bestimmt sich grundsätzlich nach der Verkehrsauffassung.[1] Der in dieser Masterarbeit herangezogene Gebäudebegriff definiert sich nach der Rechtsprechung des VwGH.[2] Demnach fallen unter den Begriff Gebäude jene Bauwerke, die

- durch räumliche Umfriedung Mensch und Sachen Schutz gegen äußere Einflüsse gewähren,

[1] Vgl VwGH 21.9.2006, 2006/15/0156; EStR 2000, Rz 3140.
[2] Vgl VwGH 28.11.2013, 2009/13/0164, 0165; 21.9.2006, 2006/15/0156, 1391/54.

- den Eintritt von Menschen gestatten,
- mit dem Boden fest verbunden und
- von einiger Beständigkeit sind.[3]

Da für bestimmte Arten von Gebäuden Sonderbestimmungen gelten, die in dieser Arbeit nicht behandelt werden, ist eine Eingrenzung innerhalb des herangezogenen Gebäudebegriffes vorzunehmen. So werden in dieser Arbeit nicht behandelt: In Leichtbauweise errichtete Gebäude, denkmalgeschützte Gebäude sowie vor dem Jahr 1915 errichtete Gebäude.

Im Vorfeld dieser Masterarbeit ist eine gewisse Eingrenzung der Thematik sowie das Treffen verschiedener Annahmen bezüglich der Ausgangslage erforderlich. Da grundsätzlich nur Unternehmen, die ihren Gewinn nach § 5 Abs 1 EStG ermitteln, der unternehmensrechtlichen Rechnungslegungspflicht unterliegen und somit nur bei diesen ein Vergleich zwischen Unternehmens- und Steuerbilanz angestellt werden kann, werden die Ausführungen auf rechnungslegungspflichtige Gewerbetreibende beschränkt. Dabei wird nicht auf etwaige Sonderbestimmungen des KStG für Kapitalgesellschaften (GmbH und AG) eingegangen. Gebäude, welche sich im Sonderbetriebsvermögen eines Gesellschafters einer Mitunternehmerschaft befinden, werden nicht behandelt.

Die für diese Arbeit relevanten Zugangsformen des Gebäudes sind auf die entgeltliche Anschaffung von einem Dritten und die Herstellung im Unternehmen selbst beschränkt. Etwaige andere Zugangsformen wie zB durch Einlage, Tausch oder unentgeltliche Zuwendung werden ebenso wenig behandelt wie Leasingsachverhalte, Superädifikate (Gebäude auf fremden Grund), Gebäude, die vom Unternehmen gemietet werden und in Bau befindliche Anlagen.

Im Rahmen der Zugangsbewertung bebauter Grundstücke hat sowohl in unternehmensrechtlicher als auch in steuerlicher Hinsicht die verhältnismäßige Aufteilung eines Grundstücks auf Grund und Boden sowie Gebäude zu erfolgen. Eine detaillierte Behandlung unterliegt in dieser Arbeit bloß das Gebäude, der bilanzielle Umgang mit dem Grund und Boden wird wie die Aufteilung des Grundstückswertes auf Grund und Boden sowie Gebäude nur oberflächlich behandelt. Die Frage des Eigentums stellt sich in dieser Masterarbeit nicht. In dieser Masterarbeit werden nur solche Gebäude behandelt, welche sich bereits seit längerem im Anlagevermögen eines Unternehmens befinden und bereits einen betriebsbereiten Zustand erreicht haben. Eine Untersuchung etwaiger

---

[3] Vgl *Kanduth-Kristen* in *Kanduth-Kristen et al* (Hrsg), Jakom EStG[13] (2020) § 8 Rz 9.

nachträglicher Anschaffungskosten bleibt somit aus. Auch auf Gebäude des Umlaufvermögens wird nicht eingegangen. Bestimmungen des außerbetrieblichen Bereiches werden nicht beachtet.

Weiters wird die Annahme getroffen, dass die betreffenden Gebäude vollständig dem Betriebsvermögen natürlicher Personen zuzuordnen sind und zudem keiner betrieblichen Mischnutzung (einer teilweisen Vermietung zu Wohnzwecken) unterliegen. Es wird angenommen, dass die Gebäude grundsätzlich zur Selbstnutzung bestimmt sind. Mögliche steuerliche Sonderbestimmungen zu vermieteten Gebäuden werden im Rahmen der Folgebewertung dennoch übersichtlich dargestellt.

Während der Entstehung dieser Masterarbeit kam es zum Auftreten der COVID-19 Pandemie, welche neben einer Belastung für das Gesundheitssystem vieler Länder auch große Auswirkungen auf die globale Wirtschaftslage mit sich brachte. Um einer aufkommenden Wirtschaftskrise entgegenzuwirken, wurden von der österreichischen Bundesregierung im Rahmen des KonStG 2020 verschiedene Maßnahmen zur Stärkung der heimischen Konjunktur getroffen. Diese betreffen zum Teil auch die in dieser Arbeit relevanten Betriebsgebäude. Daher wird in „Kapitel IV. Überlegungen zur Vereinheitlichung von UGB und EStG“ und in „Kapitel V. Fazit und Ausblick“ überblicksmäßig auf diese eingegangen. Eine detaillierte Auseinandersetzung mit den unternehmensrechtlichen und steuerlichen Auswirkungen dieser Maßnahmen erfolgt allerdings nicht.

2. Problemstellung und Zielsetzung

Bei der bilanziellen Beurteilung baulicher Veränderungen an betrieblich genutzten Gebäuden ergeben sich für den Bilanzierenden verschiedene Problemstellungen, die in dieser Masterarbeit untersucht werden. Dabei wird insb auf vier Problemstellungen eingegangen:

Die erste Problemstellung betrifft die Klassifikation baulicher Maßnahmen an einem Betriebsgebäude innerhalb der jeweiligen Rechtsnorm. Baumaßnahmen können sowohl im UGB als auch im EStG entweder einen Herstellungsaufwand oder einen Erhaltungsaufwand auslösen. Dabei ist der Herstellungsaufwand grundsätzlich über die Nutzungsdauer des Gebäudes zu verteilen, wogegen der Erhaltungsaufwand idR sofort aufwandswirksam ist. Obwohl der unternehmensrechtliche Herstellungsaufwand in § 203 Abs 3 UGB normiert ist, ergeben sich dennoch häufig Abgrenzungsschwierigkeiten (insb im Rahmen von Verbesserungsmaßnahmen) zu den nicht explizit festgelegten Erhaltungsaufwendungen.

Im Steuerrecht wird der Begriff Herstellungsaufwand hingegen nicht definiert und kann bloß aus den steuerlichen Instandsetzungsaufwendungen gem § 4 Abs 7 EStG abgeleitet werden. Dabei wird für die Annahme eines steuerlichen Herstellungsaufwandes eine nicht näher definierte „Änderung der Wesensart“ des Gebäudes vorausgesetzt, wodurch sich auch in steuerlicher Betrachtung keine feste Grenze zwischen Herstellung und Erhaltung feststellen lässt.

Es ist somit zunächst unternehmensrechtlich wie auch steuerlich zu prüfen, welche Aufwendungen der Herstellung und welche der Erhaltung zuzurechnen sind.

Nachdem festgestellt wurde, dass Herstellungsaufwand sowohl im UGB als auch im EStG vom Erhaltungsaufwand abgegrenzt werden muss, gilt es zu klären, ob im Ergebnis trotz unterschiedlicher Herleitung eine übereinstimmende Interpretation von unternehmensrechtlichem und steuerlichem Herstellungsaufwand vorliegt. Während im UGB Herstellungsaufwand durch die Herstellung eines Vermögensgegenstandes, seiner Erweiterung oder einer gegenüber seinem ursprünglichen Zustand wesentlichen Verbesserung ausgelöst wird, ist im EStG auf eine Änderung der Wesensart abzustellen. Somit gilt es zu prüfen, ob jeder unternehmensrechtliche Herstellungsvorgang auch eine Änderung der Wesensart des Gebäudes bewirkt und so auch im Steuerrecht Herstellungsaufwand auslöst. Dabei ergeben sich insb bei einer im UGB herstellungsrelevanten wesentlichen Verbesserung Unklarheiten bezüglich der im Steuerrecht notwendigen Wesensänderung. Zudem ist bei der Berechnung möglicher Herstellungsaufwendungen zu prüfen, ob die unternehmensrechtlichen den steuerlichen Herstellungskosten der Höhe nach entsprechen.

Kommt es zu einer Zuordnung von Baumaßnahmen zum aktivierungspflichtigen Herstellungsaufwand, ist in weiterer Folge zu klären, wie dieser nach seiner Aktivierung in den Folgeperioden zu behandeln ist. Dazu sind einerseits die Auswirkungen baulicher Veränderungen auf die planmäßige Abschreibung des Gebäudes zu untersuchen, andererseits ist hierbei auch ein möglicher Einfluss der Baumaßnahmen auf die Vornahme einer außerplanmäßigen Abschreibung bzw Zuschreibung des Gebäudes zu prüfen. Nach einer Beurteilung der unternehmensrechtlichen Behandlung wird ein Vergleich zum Steuerrecht angestellt, wo das Maßgeblichkeitsprinzip im Rahmen der Folgebewertung von Betriebsgebäuden häufig durchbrochen wird.

Bei der Folgebewertung gilt es insb festzustellen, ob die nachträglichen Baumaßnahmen zu einer Verlängerung der (Rest-)Nutzungsdauer des Gebäudes führen, ob die anfallenden Aufwendungen gemeinsam mit dem bestehenden Gebäude über dessen bestehende (Rest-)Nutzungsdauer zu verteilen sind oder ob diese sogar unabhängig vom bestehenden Gebäude behandelt und bewertet werden können.

Die abschließende Problemstellung betrifft die Möglichkeit einer vereinheitlichten Behandlung baulicher Veränderungen an betrieblich genutzten Gebäuden zwischen UGB und EStG. Dazu werden Überlegungen zur Vereinheitlichung in Form einer sog Einheitsbilanz getroffen, deren Ziel in einer Reduzierung des Verwaltungsaufwandes insb für Klein- und Mittelunternehmen liegt. Als großes Hindernis stellen sich hierbei die Interessensgegensätze zwischen UGB und EStG heraus. Während im UGB aufgrund des Gläubigerschutzes das Vorsichtsprinzip im Vordergrund steht, soll die Steuerbilanz vorrangig die persönliche Leistungsfähigkeit des Steuerschuldners bzw die Bemessung der Steuerschuld darstellen. Daher ist zu prüfen ob eine Einheitsbilanz überhaupt durchführbar bzw sinnvoll ist.

Unabhängig von der tatsächlichen Realisierbarkeit einer vollständigen Einheitsbilanz werden in diesem Zusammenhang auch Möglichkeiten für den Gesetzgeber vorgeschlagen, wie eine unternehmensrechtlich und steuerlich möglichst einheitliche Behandlung baulicher Veränderungen betrieblich genutzter Gebäude gewährleistet werden kann.

Aus den eben angeführten Problemstellungen ergibt sich folgende Zielsetzung dieser Masterarbeit: Das Ziel ist, die Unterschiede zwischen der unternehmensrechtlichen und steuerlichen Behandlung von baulichen Veränderungen an Betriebsgebäuden darzustellen sowie Möglichkeiten zur einheitlichen Gestaltung aufzuzeigen.

Dazu soll konkret folgende Forschungsfrage beantwortet werden:

„Welche unterschiedlichen Auswirkungen haben bauliche Veränderungen bei bestehenden Betriebsgebäuden auf den Bilanzansatz und die Folgebewertung im UGB und EStG und wobei kann eine einheitliche Behandlung argumentiert werden?"

3. Vorgehensweise und Methodik

Die in dieser Masterarbeit angewandten Methodiken setzen sich aus einer deskriptiven und einer normativen Forschung zusammen. Zunächst sollen die wesentlichen theoretischen Grundlagen des Themengebietes anhand einer deskriptiven Forschung erarbeitet werden. Dies erfolgt unter Heranziehung einschlägiger Literatur in Form von Gesetzestexten, Kommentaren, Beiträgen in Fachzeitschriften und Sammelwerken sowie Monografien und verlässlicher Onlinequellen.

Im Hauptteil der Masterarbeit wird eine qualitative Analyse der Behandlung von baulichen Veränderungen an betrieblich genutzten Gebäuden sowohl in unternehmensrechtlicher als auch in steuerlicher Hinsicht angestellt. Dabei erfolgt auch eine Analyse der Rechtsprechung bzw Auslegung der Finanzverwaltung.

Im Rahmen der normativen Forschung erfolgt eine kritische Wertung bzw Gegenüberstellung der unternehmensrechtlichen und steuerlichen Bestimmungen zur Behandlung baulicher Veränderungen von betrieblich genutzten Gebäuden. Schlussendlich werden verschiedene Gestaltungsoptionen für den Gesetzgeber aufgezeigt, deren Umsetzung zu einer Angleichung bzw Annäherung im betreffenden Bereich zwischen UGB und EStG beitragen kann.

4. Aufbau der Arbeit

In einem ersten Schritt werden die notwendigen Grundlagen erarbeitet, die für eine analytische Beurteilung baulicher Veränderungen an betrieblich genutzten Gebäuden notwendig sind. Dazu gehören in erster Linie die unternehmensrechtlichen und steuerlichen Bestimmungen zur Zugangs- und Folgebewertung von Betriebsgebäuden. Hinsichtlich der Zugangsbewertung wird zunächst auf die relevanten unternehmensrechtlichen Bestimmungen eingegangen, welche das Unternehmensrecht insb in § 203 UGB festlegt. Bei der Bewertung von Vermögenszugängen ist es aufgrund unterschiedlicher Wertansätze von wesentlicher Bedeutung, eine Unterscheidung zwischen den verschiedenen Zugangsformen vorzunehmen. In dieser Arbeit wird diese Unterscheidung auf die Differenzierung zwischen Anschaffung und Herstellung beschränkt.

Nach der Abgrenzung der Anschaffungs- zu den Herstellungskosten werden in weiterer Folge die unternehmensrechtlichen Grundlagen für die Folgebewertung von baulichen Veränderungen an Gebäuden erarbeitet. Dazu wird zuerst auf die planmäßige Abschreibung von Betriebsgebäuden eingegangen, welche unternehmensrechtlich von § 204 Abs 1 UGB bestimmt wird. Neben der planmäßigen Abschreibung können Gebäude für den Fall einer dauerhaften Wertminderung der verpflichtenden Vornahme einer außerplanmäßigen Abschreibung unterliegen. Die dafür relevante Bestimmung findet sich in § 204 Abs 2 UGB. Diese wird im Rahmen der Ausarbeitung der Grundlagen der Folgebewertung ebenso behandelt, wie die in § 208 Abs 1 UGB geregelte etwaige Wertaufholung nach einer vorangehenden außerplanmäßigen Abschreibung.

Nachdem die unternehmensrechtlichen Bestimmungen zur Zugangs- und Folgebewertung dargestellt wurden, wird in einem nächsten Schritt deren Maßgeblichkeit für das Steuerrecht geprüft. Aufgrund des Maßgeblichkeitsprinzips gelten für die in dieser Arbeit relevanten Gewinnermittler nach § 5 Abs 1 EStG grundsätzlich die unternehmensrechtlichen GoB, sofern dem keine steuerlich zwingend abweichenden Regelungen entgegenstehen. Nach einer übersichtlichen Darstellung des grundsätzlichen Verhältnisses zwischen Unternehmens- und Steuerrecht wird in einem nächsten Schritt die steuerliche Durchbrechung der unternehmensrechtlichen Maßgeblichkeit im Rahmen der Zugangs- und Folgebewertung von Gebäuden behandelt.

Nach der Darstellung der relevanten Grundlagen wird eine Analyse der bilanziellen Konsequenzen von baulichen Veränderungen an Betriebsgebäuden vorgenommen. Dabei werden zunächst die Auswirkungen der Baumaßnahmen auf den bilanzierten Gebäudewert untersucht. Nachträgliche Baumaßnahmen können sowohl im UGB als auch im EStG entweder einen verteilungspflichtigen Herstellungsaufwand oder einen grundsätzlich sofort aufwandswirksamen Erhaltungsaufwand darstellen.

Nach einer Untersuchung der im UGB und EStG Herstellungsaufwand auslösenden Tatbestände und deren Abgrenzung zum Erhaltungsaufwand wird eine Gegenüberstellung der beiden Rechtsnormen angestellt. Dabei ist festzustellen, ob diese einander im Ergebnis entsprechen. Im Rahmen der steuerlichen Beurteilung wird dabei auch auf die Unterteilung des Erhaltungsaufwandes in Instandsetzungs- und Instandhaltungsaufwand eingegangen.

Im Anschluss werden die Auswirkungen der Baumaßnahmen auf die Folgebewertung des Betriebsgebäudes untersucht. Dazu werden zunächst die Konsequenzen nachträglicher Baumaßnahmen auf die planmäßige Abschreibung des UGB analysiert. Neben der planmäßigen Abschreibung können nachträgliche Baumaßnahmen unter Umständen auch Einfluss auf außerplanmäßige Abschreibungen nehmen. Daher wird in einem nächsten Schritt untersucht, ob nachträgliche Baumaßnahmen die Vornahme einer außerplanmäßigen Abschreibung verhindern bzw ob deren Unterlassen eine solche auslösen kann. Im Rahmen der Analyse der Auswirkungen auf außerplanmäßige Abschreibungen des Gebäudes ist ebenso zu prüfen, ob und unter welchen Voraussetzungen nachträgliche Baumaßnahmen eine wertaufholende Zuschreibung beim Gebäude auslösen können. Aufgrund des Maßgeblichkeitsprinzips ist einer im UGB vorgenommenen außerplanmäßigen Abschreibung bzw Zuschreibung grundsätzlich steuerlich zu folgen, wobei es jedoch zu gewissen Abweichungen kommen kann. Deshalb werden auch in diesem Bereich die steuerlich relevanten Bestimmungen analysiert.

Zum Abschluss dieser Masterarbeit werden verschiedene Überlegungen zu einer möglichen Vereinheitlichung im Rahmen einer Einheitsbilanz von UGB und EStG getroffen, wobei zunächst ein grundlegender Überblick zur Einheitsbilanz geschaffen wird. Dazu wird zuerst der Begriff

Einheitsbilanz erklärt. Danach werden verschiedene Vor- und Nachteile einer solchen Einheitsbilanz aufgezeigt und die Möglichkeit deren Umsetzung in Österreich diskutiert.

Darauf basierend werden verschiedene Überlegungen angestellt, wie der Gesetzgeber eine möglichst übereinstimmende Behandlung baulicher Veränderungen an betrieblich genutzten Gebäuden gewährleisten und so einen wesentlichen Beitrag zu Vereinfachung leisten kann.

II. Grundlagen zur Zugangs- und Folgebewertung von Betriebsgebäuden

1. Unternehmensrechtliche Bestimmungen zur Zugangs- und Folgebewertung

1.1. Grundlagen zur Zugangsbewertung von Betriebsgebäuden

Die Zugangsbewertung von Vermögensgegenständen in das Anlagevermögen eines Unternehmens ist grundsätzlich in § 203 Abs 1 UGB geregelt. Die in § 203 UGB normierten Vorschriften gelten in persönlicher Hinsicht für alle Unternehmer und bestimmen in sachlicher Hinsicht die Bilanzierung des Anlagevermögens, die Definition der Anschaffungs- und Herstellungskosten sowie die Bilanzierung des Geschäfts- und Firmenwertes. Die Bewertung von Anlagevermögen ist in § 203 UGB jedoch nicht abschließend geregelt: Bezüglich der Abschreibung wird auf § 204 UGB verwiesen. Bestimmungen zur Wertaufholung finden sich in § 208 UGB.[4] Die Zugangsbewertung von Anlagevermögen erfolgt grundsätzlich zu den in § 203 Abs 2 – 4 UGB definierten Anschaffungs- oder Herstellungskosten. Diese gelten als zentrale Maßstäbe[5] für die Zugangsbewertung sämtlicher Vermögensgegenstände und sind somit auch für den Erstansatz von Betriebsgebäuden relevant.[6] Bei beiden Zugangsformen gilt der Grundsatz der Erfolgsneutralität. Dieser besagt, dass der Periodenerfolg weder durch die Anschaffung noch durch die Herstellung von

[4] Vgl *Urnik/Urtz* in *Straube/Ratka/Rauter* (Hrsg), UGB. Wiener Kommentar, Band II^3 (2017) § 203 Rz 2; *Janschek/Jung* in *Hirschler* (Hrsg), Bilanzrecht I^2 (2019) § 203 Rz 1f; *Konezny* in *Torggler* (Hrsg), UGB^3 (2019) § 203 Rz 1ff.

[5] Es ist festzuhalten, dass § 203 UGB nur zwischen den Zugangsformen Anschaffung und Herstellung unterscheidet. Gehen dem Unternehmen Vermögensgegenstände aufgrund anderer Erwerbsformen wie durch Einlage oder unentgeltliche Zuwendung zu, sind diese nach § 202 Abs 1 UGB mit dem beizulegenden Wert (definiert in § 189a Z 3 UGB) anzusetzen. Für Umgründungsvorgänge sieht § 202 Abs 2 UGB ein Wahlrecht zwischen Buchwertfortführung und einer Bewertung zum beizulegenden Wert vor. Auch anlässlich der Umsatzrealisation neu begründete Vermögensgegenstände (zB Forderungen aus Lieferungen und Leistungen) fallen nicht in den Anwendungsbereich des § 203 Abs 2 – 4 UGB. Für Zugänge eines erworbenen Geschäfts- oder Firmenwerts ist in § 203 Abs 5 UGB ein eigener Zugangswert vorgesehen. (Vgl *Urnik/Urtz* in *Straube/Ratka/Rauter* (Hrsg), UGB. Wiener Kommentar, Band II^3 (2017) § 203 Rz 3; *Janschek/Jung* in *Hirschler* (Hrsg), Bilanzrecht I^2 (2019) § 203 Rz 6ff.)

[6] Vgl *Janschek/Jung* in *Hirschler* (Hrsg), Bilanzrecht I^2 (2019) § 203 Rz 4 und 6.

Vermögensgegenständen beeinflusst werden darf. Beide Vorgänge stellen somit erfolgsneutrale Vermögensumschichtungen dar.[7]

1.1.1. Anschaffungskosten und Herstellungskosten von Betriebsgebäuden

Unter einer Anschaffung versteht man einen Vorgang, der auf das Erlangen des wirtschaftlichen Eigentums eines bereits bestehenden Vermögensgegenstandes sowie dessen Versetzung in den betriebsbereiten Zustand gerichtet ist, wenn dieser dabei nach der Verkehrsauffassung unverändert bleibt.[8] Wird ein Gebäude von einem Dritten käuflich erworben und bleibt dieses dabei nach der Verkehrsauffassung unverändert, ist das Gebäude mit den in § 203 Abs 2 UGB normierten Anschaffungskosten zu aktivieren. Demnach fallen unter die Anschaffungskosten all jene Aufwendungen, die geleistet werden, um einen Vermögensgegenstand zu erwerben und in einen betriebsbereiten Zustand zu versetzen, soweit diese dem Vermögensgegenstand einzeln zuordenbar sind (Grundsatz der Einzelzuordenbarkeit[9]).[10] Der Anschaffungsvorgang beginnt mit der ersten Handlung, die auf die Erlangung des wirtschaftlichen Eigentums gerichtet ist und endet mit dem erstmaligen Eintritt des unternehmensspezifisch betriebsbereiten Zustandes[11] des Gebäudes.[12]

---

[7] Vgl *Janschek/Jung* in *Hirschler* (Hrsg), Bilanzrecht I² (2019) § 203 Rz 10; *Urnik/Urtz* in *Straube/Ratka/Rauter* (Hrsg), UGB. Wiener Kommentar, Band II³ (2017) § 203 Rz 6.

[8] Vgl *Konezny* in *Torggler* (Hrsg), UGB³ (2019) § 203 Rz 7; *Lang* in *Zib/Dellinger* (Hrsg), UGB. Großkommentar, Band III – Teil 1 (2013) § 203 Rz 5.

[9] Vgl *Janschek/Jung* in *Hirschler* (Hrsg), Bilanzrecht I² (2019) § 203 Rz 12; *Urnik/Urtz* in *Straube/Ratka/Rauter* (Hrsg), UGB. Wiener Kommentar, Band II³ (2017) § 203 Rz 6.

[10] Vgl *Janschek/Jung* in *Hirschler* (Hrsg), Bilanzrecht I² (2019) § 203 Rz 14; *Bertl,* Die Bilanzierung von Immobilien nach UGB, in *Bertl et al* (Hrsg), Immobilien im Bilanz- und Steuerrecht (2007) 73; *Fraberger/Petritz/Wytrzens,* Allgemeine Bewertungsvorschriften, in *Bertl/Hirschler* (Hrsg), Handbuch der österreichischen Steuerlehre, Band II³ (2016) 131.

[11] Ein betriebsbereiter Zustand ist dann gegeben, wenn das Gebäude erstmalig (am geplanten Ort) plangemäß verwendet werden kann. (Vgl *Konezny* in *Torggler* (Hrsg), UGB³ (2019) § 203 Rz 8; *Urnik/Urtz* in *Straube/Ratka/Rauter* (Hrsg), UGB. Wiener Kommentar, Band II³ (2017) § 203 Rz 18.)

[12] Vgl *Konezny* in *Torggler* (Hrsg), UGB³ (2019) § 203 Rz 8.

Zu den Komponenten[13] der Anschaffungskosten zählen neben dem eigentlichen Anschaffungspreis, welcher um die Anschaffungspreisminderungen zu kürzen ist, auch die Anschaffungsnebenkosten sowie die nachträglichen Anschaffungskosten[14].[15]

Eine Herstellung liegt nach § 203 Abs 3 UGB dann vor, wenn ein Vermögensgegenstand neu geschaffen, erweitert oder wesentlich verbessert wird. Demzufolge handelt es sich um einen Herstellungsvorgang, wenn aus einem oder mehreren im Unternehmen bereits vorhandenen Vermögensgegenständen ein nach der Verkehrsauffassung neuer Vermögensgegenstand entsteht. Ein neuer Vermögensgegenstand liegt dann vor, wenn dessen Verkehrsgängigkeit vom ursprünglichen Vermögensgegenstand abweicht.[16] Auch Aufwendungen, die für die Erweiterung eines Vermögensgegenstandes oder eine über seinen ursprünglichen Zustand hinausgehende wesentliche Verbesserung anfallen, gehören zu den Herstellungskosten. Diese Aufwendungen werden im deutschen Schrifttum auch „nachträgliche Herstellungskosten" bezeichnet. Unter einer Erweiterung wird eine Substanzmehrung an einem bereits vorhandenen Vermögensgegenstand verstanden. Zu einer wesentlichen Verbesserung gehören hingegen Maßnahmen, die ohne eine Ausweitung der physischen Substanz ein für die Zukunft höheres Nutzenpotential schaffen.[17]

In die Herstellungskosten sind sämtliche Aufwendungen einzurechnen, die für die Herstellung des Gebäudes anfallen. Nach hM beginnt die Erfassung von Herstellungskosten mit dem Einsetzen des technischen Herstellungsprozesses bzw den erforderlichen Vorbereitungsmaßnahmen und endet mit dem Erreichen des betriebsbereiten Gebäudezustandes.[18] Dabei dürfen nur pagatorische (aufwandswirksame) Kosten und keine kalkulatorischen Kosten angesetzt werden.[19] Als

---

[13] Zu den Komponenten der Anschaffungskosten im Detail siehe *Urnik/Urtz* in *Straube/Ratka/Rauter* (Hrsg), UGB. Wiener Kommentar, Band II³ (2017) § 203 Rz 21ff; *Janschek/Jung* in *Hirschler* (Hrsg), Bilanzrecht I² (2019) § 203 Rz 33ff; *Konezny* in *Torggler* (Hrsg), UGB³ (2019) § 203 Rz 15ff.

[14] Bei nachträglichen Anschaffungskosten muss es sich inhaltlich um Anschaffungskosten handeln. Diese müssen nach den Gesetzesmaterialien in kausalem Zusammenhang mit dem Erwerbsvorgang und der Herstellung der erstmaligen Betriebsbereitschaft stehen. Zudem dürfen sie keine Änderung der Verkehrsgängigkeit bewirken, da ansonsten ein Herstellungsvorgang vorliegt. (Vgl *Urnik/Urtz* in *Straube/Ratka/Rauter* (Hrsg), UGB. Wiener Kommentar, Band II³ (2017) § 203 Rz 52.)

[15] Vgl *Urnik/Urtz* in *Straube/Ratka/Rauter* (Hrsg), UGB. Wiener Kommentar, Band II³ (2017) § 203 Rz 8; *Bertl/Deutsch-Goldoni/Hirschler,* Buchhaltungs- und Bilanzierungshandbuch¹¹ (2019) 222.

[16] Vgl *Janschek/Jung* in *Hirschler* (Hrsg), Bilanzrecht I² (2019) § 203 Rz 6 und 73; *Bertl/Deutsch-Goldoni/Hirschler,* Buchhaltungs- und Bilanzierungshandbuch¹¹ (2019) 222.

[17] Vgl *Urnik/Urtz* in *Straube/Ratka/Rauter* (Hrsg), UGB. Wiener Kommentar, Band II³ (2017) § 203 Rz 69ff; *Janschek/Jung* in *Hirschler* (Hrsg), Bilanzrecht I² (2019) § 203 Rz 77f.

[18] Vgl *Urnik/Urtz* in *Straube/Ratka/Rauter* (Hrsg), UGB. Wiener Kommentar, Band II³ (2017) § 203 Rz 72; *Janschek/Jung* in *Hirschler* (Hrsg), Bilanzrecht I² (2019) § 203 Rz 74.

[19] Vgl *Urnik/Urtz* in *Straube/Ratka/Rauter* (Hrsg), UGB. Wiener Kommentar, Band II³ (2017) § 203 Rz 73; *Lang* in *Zib/Dellinger* (Hrsg), UGB. Großkommentar, Band III – Teil 1 (2013) § 203 Rz 66; *Graschitz/Steller* in *Jabornegg/Artmann* (Hrsg), Unternehmensgesetzbuch. Kommentar, Band 2² (2017) § 203 Rz 19.

Komponenten[20] der Herstellungskosten sind seit dem RÄG 2014[21] neben den Material- und Fertigungseinzelkosten (inkl Sondereinzelkosten der Fertigung) auch angemessene Teile[22] der Material- und Fertigungsgemeinkosten zwingend zu aktivieren (= Untergrenze der Herstellungskosten). Darüber hinaus besteht ein Wahlrecht[23] zur Aktivierung von Aufwendungen für betriebliche Sozialeinrichtungen, freiwillige Sozialleistungen sowie für die betriebliche Altersversorgung und Abfertigungen. Auch Fremdkapitalzinsen können wahlweise aktiviert werden, wenn das Fremdkapital zur Finanzierung der Herstellung verwendet wird und auf den Herstellungszeitraum entfällt (= Obergrenze der Herstellungskosten).[24] Ein Aktivierungsverbot[25] besteht hingegen für über den Herstellungszeitraum hinaus anfallende Fremdkapitalzinsen, durch Unterbeschäftigung erhöhte Gemeinkosten sowie für Aufwendungen der allgemeinen Verwaltung und des Vertriebs.[26]

1.1.2. Abgrenzung Anschaffung und Herstellung von Betriebsgebäuden

Als wesentliches Abgrenzungskriterium zwischen Anschaffung und Herstellung gilt die Schaffung von etwas „Neuem". Ein Herstellungsvorgang liegt demnach jedenfalls dann vor, wenn der betroffene Gegenstand als solcher vor dem Herstellungsprozess nicht existiert hat. Demgegenüber wird bei einem Anschaffungsvorgang rein auf den wirtschaftlichen Eigentumserwerb eines bereits

---

[20] Zu den Komponenten der Herstellungskosten im Detail siehe *Urnik/Urtz* in *Straube/Ratka/Rauter* (Hrsg), UGB. Wiener Kommentar, Band II³ (2017) § 203 Rz 82ff; *Janschek/Jung* in *Hirschler* (Hrsg), Bilanzrecht I² (2019) § 203 Rz 79aff; *Konezny* in *Torggler* (Hrsg), UGB³ (2019) § 203 Rz 33ff.

[21] Zur Behandlung vor dem RÄG 2014 siehe *Marchhart,* Neuer Mindestansatz der Herstellungskosten nach § 203 Abs 3 UGB idF RÄG 2014, RWP 2017 H 1, 3.

[22] Als angemessene Teile der Gemeinkosten sind kostengleiche Aufwendungen zu verstehen. Neutraler Aufwand ist auszuscheiden, wodurch betriebsfremde, periodenfremde sowie außergewöhnliche oder selten anfallende Kosten nicht aktivierbar sind. (Vgl *Lang* in *Zib/Dellinger* (Hrsg), UGB. Großkommentar, Band III – Teil 1 (2013) § 203 Rz 10; *Urnik/Urtz* in *Straube/Ratka/Rauter* (Hrsg), UGB. Wiener Kommentar, Band II³ (2017) § 203 Rz 73 und 91.)

[23] Ein einmal gewähltes Wahlrecht zur Berechnung der Herstellungskosten ist im Unternehmen aufgrund des Stetigkeitsgebots grundsätzlich beizubehalten. (Vgl *Janschek/Jung* in *Hirschler* (Hrsg), Bilanzrecht I² (2019) § 203 Rz 72.)

[24] Vgl *Janschek/Jung* in *Hirschler* (Hrsg), Bilanzrecht I² (2019) § 203 Rz 70; *Rohatschek*, Sonderfragen der Bilanzierung⁶ (2019) 23; *Bertl/Deutsch-Goldoni/Hirschler,* Buchhaltungs- und Bilanzierungshandbuch¹¹ (2019) 223; *Fattinger/Patloch-Kofler* in *Bertl/Mandl* (Hrsg), Handbuch zum Rechnungslegungsgesetz²¹ (2017) § 203 Abs 1 – 4 Rz 62.

[25] § 206 Abs 3 UGB sieht für die Herstellung von Vermögensgegenständen des Umlaufvermögens unter bestimmten Voraussetzungen eine Ausnahme des Aktivierungsverbots für allgemeine Verwaltungs- und Vertriebskosten vor. (Vgl *Graschitz/Steller* in *Jabornegg/Artmann* (Hrsg), Unternehmensgesetzbuch. Kommentar, Band 2² (2017) § 203 Rz 19; *oV,* Herstellungskosten im Unternehmens- und Steuerrecht ab 2016, BBi 2017 H 5, 1.)

[26] Vgl *Bertl/Deutsch-Goldoni/Hirschler,* Buchhaltungs- und Bilanzierungshandbuch¹¹ (2019) 224; *Graschitz/Steller* in *Jabornegg/Artmann* (Hrsg), Unternehmensgesetzbuch. Kommentar, Band 2² (2017) § 203 Rz 21; *Fattinger/Patloch-Kofler* in *Bertl/Mandl* (Hrsg), Handbuch zum Rechnungslegungsgesetz²¹ (2017) § 203 Abs 1 – 4 Rz 90.

bestehenden Vermögensgegenstandes gezielt.[27] Bei der Beurteilung eines Herstellungsvorganges ist auf eine Änderung der Verkehrsgängigkeit (Gebrauchs- oder Verwendungsmöglichkeit) des betroffenen Vermögensgegenstandes abzustellen. Diese ist nach den Kriterien der Gleichartigkeit, Funktionsgleichheit und Gleichwertigkeit unter Berücksichtigung der Verkehrsauffassung zu beurteilen. Bereits eine geringfügige Änderung der Verkehrsgängigkeit reicht aus, um aus einer ursprünglichen Anschaffung insgesamt eine Herstellung zu machen, wodurch sämtliche angefallenen Aufwendungen zu Herstellungskosten werden.[28]

Grundlegend lässt sich festhalten, dass eine Anschaffung auf den Erwerb bestehender Vermögensgegenstände abzielt, während eine Herstellung auf die Schaffung bisher nicht in dieser Form vorhandener Vermögensgegenstände gerichtet ist.[29]

Auch bei der Zugangsbewertung von Gebäuden hat eine Abgrenzung zwischen Anschaffung und Herstellung zu erfolgen, welche sich insb bei Neubauten erschweren kann. Wird ein Gebäude neu hergestellt, richtet sich die Abgrenzung nach dem Risikoträger: Trägt der Beauftragte das Risiko für die Kosten und die Funktionsfähigkeit des Gebäudes, ist von einer Anschaffung auszugehen und das Gebäude beim Erwerber mit den Anschaffungskosten zu bilanzieren. Trägt jedoch der Auftraggeber das Risiko, liegt ein Herstellungsvorgang vor, wodurch das Gebäude mit den Herstellungskosten zu bewerten ist.[30]

Bauliche Veränderungen, die an bereits im Betrieb befindlichen Gebäuden getätigt werden und über einen laufenden Erhaltungsaufwand hinausgehen, sind stets als Herstellungsvorgang zu qualifizieren. Dies gilt unabhängig davon ob das betroffene Gebäude ursprünglich angeschafft oder

---

[27] Vgl *Fritz-Schmied/Urnik,* Die Abgrenzung von Herstellungs- und Erhaltungsaufwand für (Miet-)Gebäude in unternehmens- und steuerrechtlicher Hinsicht: Status Quo und Überlegungen zur Vereinheitlichung, in *Urnik/Fritz-Schmied* (Hrsg), Jahrbuch Bilanzsteuerrecht 2018 (2018) 64.

[28] Vgl *Urnik/Urtz* in *Straube/Ratka/Rauter* (Hrsg), UGB. Wiener Kommentar, Band II[3] (2017) § 203 Rz 68; *Konezny* in *Torggler* (Hrsg), UGB[3] (2019) § 203 Rz 30; *Fattinger/Patloch-Kofler* in *Bertl/Mandl* (Hrsg), Handbuch zum Rechnungslegungsgesetz[21] (2017) § 203 Abs 1 – 4 Rz 54.

[29] Vgl *Urnik/Urtz* in *Straube/Ratka/Rauter* (Hrsg), UGB. Wiener Kommentar, Band II[3] (2017) § 203 Rz 9; *Lang* in *Zib/Dellinger* (Hrsg), UGB. Großkommentar, Band III – Teil 1 (2013) § 203 Rz 10; *Bertl/Deutsch-Goldoni/Hirschler,* Buchhaltungs- und Bilanzierungshandbuch[11] (2019) 365.

[30] Vgl *Fritz-Schmied/Kanduth-Kristen* in *Kanduth-Kristen/Fritz-Schmied* (Hrsg), Bilanzposten-Kommentar (2017) AP A.II.1. Rz 28; *Fraberger/Petritz/Wytrzens,* Allgemeine Bewertungsvorschriften, in *Bertl/Hirschler* (Hrsg), Handbuch der österreichischen Steuerlehre, Band II[3] (2016) 131 und 142.

hergestellt wurde. Eine Zuordnung zur Anschaffung kommt aufgrund der bereits vorliegenden Betriebszugehörigkeit bzw Betriebsbereitschaft des betroffenen Gebäudes nicht mehr in Frage.[31]

Eine Unterscheidung zwischen Anschaffung und Herstellung ist in Bezug auf die maßgeblichen Wertmaßstäbe (Anschaffungs- oder Herstellungskosten) von Bedeutung: Im Gegensatz zur Anschaffung sind nur bei einer Herstellung auch angemessene Teile der Gemeinkosten zu aktivieren. Zusätzlich besteht ein Wahlrecht zur Aktivierung bestimmter Fremdfinanzierungskosten nur im Rahmen einer Herstellung[32].[33]

Die für diese Arbeit relevanten Baumaßnahmen betreffen lediglich Betriebsgebäude, deren erstmalige unternehmensspezifische Nutzbarkeit bereits erreicht wurde. Somit kommt eine Zurechnung der angefallenen Aufwendungen zu den Anschaffungskosten nicht mehr in Betracht. Deshalb ist in weiterer Folge bloß die Zurechnung der Aufwendungen zu den Herstellungskosten zu prüfen.[34]

1.2. Grundlagen zur Folgebewertung von Betriebsgebäuden

Die in § 203 Abs 1 UGB festgelegte Bewertungsregel des Anlagevermögens wird von § 204 UGB konkretisiert, indem er die beiden Abschreibungsformen planmäßige und außerplanmäßige Abschreibung normiert.[35] Demnach ist für sämtliches Anlagevermögen mit begrenzter Nutzungsdauer eine planmäßige Abschreibung vorzunehmen. Für Grundstücke gilt, dass grundsätzlich nur der Gebäudeanteil und nicht der Grund und Boden abnutzbar[36] ist, womit auch nur das Gebäude der planmäßigen Abschreibung unterliegt. Kommt es während der Nutzungsdauer zu einer unvorhergesehenen dauerhaften[37] Wertminderung ist nach § 204 Abs 2 UGB eine außerplanmäßige Abschreibung auf den niedrigeren beizulegenden Wert zwingend vorzunehmen. Dies gilt ebenso für

---

[31] Vgl *Konezny* in *Torggler* (Hrsg), UGB³ (2019) § 203 Rz 31; *Janschek/Jung* in *Hirschler* (Hrsg), Bilanzrecht I² (2019) § 203 Rz 77f; *Urnik/Urtz* in *Straube/Ratka/Rauter* (Hrsg), UGB. Wiener Kommentar, Band II³ (2017) § 203 Rz 67ff; *Klinger et al,* Praktische Immobilienbuchhaltung² (2020) 18.

[32] Es sei erwähnt, dass immaterielle Vermögensgegenstände des Anlagevermögens nur im Fall einer Anschaffung aktivierbar sind. (Vgl *Lang* in *Zib/Dellinger* (Hrsg), UGB. Großkommentar, Band III – Teil 1 (2013) § 203 Rz 11.)

[33] Vgl *Urnik/Urtz* in *Straube/Ratka/Rauter* (Hrsg), UGB. Wiener Kommentar, Band II³ (2017) § 203 Rz 9; *Lang* in *Zib/Dellinger* (Hrsg), UGB. Großkommentar, Band III – Teil 1 (2013) § 203 Rz 11.

[34] Vgl *Janschek/Jung* in *Hirschler* (Hrsg), Bilanzrecht I² (2019) § 203 Rz 28; *Fritz-Schmied,* Die Abgrenzung der Anschaffungs- und Herstellungskosten von den Erhaltungsaufwendungen, in *Urnik/Fritz-Schmied* (Hrsg), Jahrbuch Bilanzsteuerrecht 2009 (2009) 100; *oV*, Anschaffungs- und Herstellungskosten, BBi 2018 H 3, 1.

[35] Vgl *Janschek/Jung* in *Hirschler* (Hrsg), Bilanzrecht I² (2019) § 204 Rz 2.

[36] Vgl *Kubat* in *Bertl/Mandl* (Hrsg), Handbuch zum Rechnungslegungsgesetz²¹ (2017) § 204 Abs 1 – 2 Rz 13; *Dieter/Hohensinner* in *Zib/Dellinger* (Hrsg), UGB. Großkommentar, Band III – Teil 1 (2013) § 204 Rz 13f.

[37] Für Finanzanlagevermögen gibt es ein Wahlrecht bei nicht dauernder Wertminderung. (Vgl *Janschek/Jung* in *Hirschler* (Hrsg), Bilanzrecht I² (2019) § 204 Rz 50.)

nicht abnutzbares Anlagevermögen und somit auch für den Grund und Boden.[38] Im Fall einer Wertaufholung nach einer früheren außerplanmäßigen Abschreibung sieht § 208 UGB unter bestimmten Voraussetzungen ein Zuschreibungsgebot vor.[39]

1.2.1. Planmäßige Abschreibung von Betriebsgebäuden

Abnutzbares Anlagevermögen ist nach § 204 Abs 1 UGB aufwandswirksam planmäßig über die wirtschaftliche Nutzungsdauer abzuschreiben. Vermögensgegenstände sind abnutzbar, wenn sie einem Wertverzehr[40] unterliegen und eine Verwertung am Ende ihrer Nutzungsdauer entweder ausgeschlossen oder nur mehr wesentlich unter ihren ursprünglichen Anschaffungs- oder Herstellungskosten möglich ist.[41] Da bei Grundstücken grundsätzlich nur das Gebäude der planmäßigen Abschreibung unterliegt, hat beim Erwerb eines bebauten Grundstücks eine Aufteilung des Gesamtkaufpreises primär anhand der im Kaufvertrag festgelegten Aufteilung zu erfolgen. Ist dies nicht möglich, ist die Kaufpreisaufteilung von Gebäude und Grund und Boden im Verhältnis der Zeitwerte vorzunehmen.[42] Vor der erstmaligen Durchführung einer planmäßigen Abschreibung ist für das betroffene Gebäude ein Abschreibungsplan zu erstellen, in dem die Abschreibungsbasis, die Abschreibungsdauer sowie die Abschreibungsmethode festgelegt wird.[43]

Die Abschreibungsbasis entspricht dem auf die Abschreibungsdauer zu verteilenden Betrag und errechnet sich aus der Differenz zwischen dem Zugangswert und einem etwaig vorhandenen Restwert des Gebäudes.[44] Ein Restwert ist dabei insb dann zu berücksichtigen, wenn er mit ausreichender Sicherheit zu erwarten ist, aufgrund vertraglicher Ansprüche bereits gesichert wurde oder ein Verkauf der Anlage vor Ablauf der technischen Nutzungsdauer geplant ist. Er entspricht jenem Ertrag, der am Ende der Nutzungsdauer bei der Verwertung des Anlagegegenstandes realisiert

---

[38] Vgl *Papst/Urnik/Urtz* in *Straube/Ratka/Rauter* (Hrsg), UGB. Wiener Kommentar, Band II³ (2017) § 204 Rz 2; *Fritz-Schmied/Kanduth-Kristen* in *Kanduth-Kristen/Fritz-Schmied* (Hrsg), Bilanzposten-Kommentar (2017) AP A.II.1. Rz 77 und 87.

[39] Vgl *Konezny* in *Torggler* (Hrsg), UGB³ (2019) § 208 Rz 3f; *Eberhartinger/Amberger* in *Hirschler* (Hrsg), Bilanzrecht I² (2019) § 208 Rz 9.

[40] Der Wertverzehr von Anlagevermögen kann technischer, wirtschaftlicher oder rechtlicher Natur sein. (Vgl *Janschek/Jung* in *Hirschler* (Hrsg), Bilanzrecht I² (2019) § 204 Rz 11; *Dieter/Hohensinner* in *Zib/Dellinger* (Hrsg), UGB. Großkommentar, Band III – Teil 1 (2013) § 204 Rz 11.)

[41] Vgl *Papst/Urnik/Urtz* in *Straube/Ratka/Rauter* (Hrsg), UGB. Wiener Kommentar, Band II³ (2017) § 204 Rz 4; *Konezny* in *Torggler* (Hrsg), UGB³ (2019) § 204 Rz 7; *Janschek/Jung* in *Hirschler* (Hrsg), Bilanzrecht I² (2019) § 204 Rz 9.

[42] Vgl *Janschek/Jung* in *Hirschler* (Hrsg), Bilanzrecht I² (2019) § 204 Rz 21.

[43] Vgl *Janschek/Jung* in *Hirschler* (Hrsg), Bilanzrecht I² (2019) § 204 Rz 16; *Konezny* in *Torggler* (Hrsg), UGB³ (2019) § 204 Rz 9; *Bertl/Deutsch-Goldoni/Hirschler,* Buchhaltungs- und Bilanzierungshandbuch¹¹ (2019) 439.

[44] Vgl *Janschek/Jung* in *Hirschler* (Hrsg), Bilanzrecht I² (2019) § 204 Rz 16; *Papst/Urnik/Urtz* in *Straube/Ratka/Rauter* (Hrsg), UGB. Wiener Kommentar, Band II³ (2017) § 204 Rz 7.

werden kann. Ein im Verhältnis zum Zugangswert unwesentlicher Restwert kann unberücksichtigt bleiben.[45] Fallen nachträgliche Anschaffungs- oder Herstellungskosten an, erhöhen diese grundsätzlich den Buchwert des Gebäudes und somit dessen Abschreibungsbasis. Diese nachträglichen Anschaffungs- oder Herstellungskosten sind anschließend über die (eventuell neu festzusetzende) Restnutzungsdauer des Gebäudes zu verteilen.[46]

Die Abschreibungsdauer entspricht jenem Zeitraum, in dem das Gebäude voraussichtlich wirtschaftlich im Unternehmen genutzt werden kann. Dieser Zeitraum beginnt mit dem Ende des Anschaffungs- bzw Herstellungsvorganges, also mit dem Eintritt des erstmaligen betriebsbereiten Gebäudezustandes.[47] Eine tatsächliche Inbetriebnahme ist dabei nicht von Bedeutung, da ein nutzungsunabhängiger Zeitverschleiß (neben der gebrauchsabhängigen Abnutzung) insb bei Gebäuden ins Gewicht fällt.[48] Bei einem unterjährigen Zugang bzw Abgang ist die planmäßige Abschreibung entsprechend der auf das Geschäftsjahr entfallenden Abschreibungsdauer zu aliquotieren. Die Aliquotierung hat grundsätzlich taggenau zu erfolgen, wobei aus Vereinfachungsgründen[49] auch eine wochen- oder monatsweise Berechnung zulässig ist.[50] Das Ende des Abschreibungszeitraumes ist vorsichtig zu schätzen, wobei nicht die technische, sondern die unternehmensspezifische Nutzbarkeit, bei der alle technischen, wirtschaftlichen und rechtlichen Ursachen des Wertverzehrs[51] zu beachten sind, ausschlaggebend ist.[52]

---

[45] Vgl *Konezny* in *Torggler* (Hrsg), UGB³ (2019) § 204 Rz 10; *Janschek/Jung* in *Hirschler* (Hrsg), Bilanzrecht I² (2019) § 204 Rz 20; *Hofbauer/Rohatschek* in *Jabornegg/Artmann* (Hrsg), Unternehmensgesetzbuch. Kommentar, Band 2² (2017) § 204 Rz 12; *Bertl/Deutsch-Goldoni/Hirschler,* Buchhaltungs- und Bilanzierungshandbuch¹¹ (2019) 434.

[46] Vgl *Konezny* in *Torggler* (Hrsg), UGB³ (2019) § 204 Rz 9; *Papst/Urnik/Urtz* in *Straube/Ratka/Rauter* (Hrsg), UGB. Wiener Kommentar, Band II³ (2017) § 204 Rz 7.

[47] Vgl *Janschek/Jung* in *Hirschler* (Hrsg), Bilanzrecht I² (2019) § 204 Rz 22f; *Konezny* in *Torggler* (Hrsg), UGB³ (2019) § 204 Rz 11; *Dieter/Hohensinner* in *Zib/Dellinger* (Hrsg), UGB. Großkommentar, Band III – Teil 1 (2013) § 204 Rz 70.

[48] Vgl *Fritz-Schmied/Kanduth-Kristen* in *Kanduth-Kristen/Fritz-Schmied* (Hrsg), Bilanzposten-Kommentar (2017) AP A.II.1. Rz 81; *Papst/Urnik/Urtz* in *Straube/Ratka/Rauter* (Hrsg), UGB. Wiener Kommentar, Band II³ (2017) § 204 Rz 5; *Kubat* in *Bertl/Mandl* (Hrsg), Handbuch zum Rechnungslegungsgesetz²¹ (2017) § 204 Abs 1 – 2 Rz 14.

[49] Die im Steuerrecht in § 7 Abs 2 EStG verankerte „Halbjahresregel" wird auch im Unternehmensrecht anerkannt. (Vgl *Janschek/Jung* in *Hirschler* (Hrsg), Bilanzrecht I² (2019) § 204 Rz 24; *Papst/Urnik/Urtz* in *Straube/Ratka/Rauter* (Hrsg), UGB. Wiener Kommentar, Band II³ (2017) § 204 Rz 5; *Konezny* in *Torggler* (Hrsg), UGB³ (2019) § 204 Rz 12.)

[50] Vgl *Janschek/Jung* in *Hirschler* (Hrsg), Bilanzrecht I² (2019) § 204 Rz 24 und 27; *Konezny* in *Torggler* (Hrsg), UGB³ (2019) § 204 Rz 12; *Dieter/Hohensinner* in *Zib/Dellinger* (Hrsg), UGB. Großkommentar, Band III – Teil 1 (2013) § 204 Rz 73ff.

[51] Vgl *Janschek/Jung* in *Hirschler* (Hrsg), Bilanzrecht I² (2019) § 204 Rz 16; *Konezny* in *Torggler* (Hrsg), UGB³ (2019) § 204 Rz 13.

[52] Vgl *Papst/Urnik/Urtz* in *Straube/Ratka/Rauter* (Hrsg), UGB. Wiener Kommentar, Band II³ (2017) § 204 Rz 8; *Janschek/Jung* in *Hirschler* (Hrsg), Bilanzrecht I² (2019) § 204 Rz 25.

Setzt sich ein Vermögensgegenstand aus mehreren unselbständigen Teilen zusammen, ist für diesen aufgrund des Prinzips der Einzelbewertung eine einheitliche Nutzungsdauer festzusetzen. Diese bemisst sich nach jenem Teil, der den Gegenstand prägt, also meist nach dem teuersten oder wichtigsten Bestandteil. Für den Gebäudefall bedeutet dies, dass aus den individuellen Nutzungsdauern der einzelnen Komponenten (zB Fenster, Türen oder Mauerwerk) grundsätzlich eine einheitliche Nutzungsdauer für das gesamte Gebäude festzulegen ist.[53] Für wesentliche und selbstständig bewertbare Bestandteile von Vermögensgegenständen (zB Aufzüge oder Heizungsanlagen eines Gebäudes) wird jedoch - vor dem Hintergrund von IAS 16 - eine gesonderte Abschreibung zunehmend als zulässig erachtet. Derartige Komponenten sind im Fall ihres Austausches zu aktivieren und erneut abzuschreiben.[54]

Unter der Abschreibungsmethode versteht man das rechnerische Verfahren zur Verteilung der Abschreibungsbasis über die Abschreibungsdauer.[55] Sie soll den betriebswirtschaftlichen Gegebenheiten Rechnung tragen und insb die Inanspruchnahme und Entwertung des Gebäudes periodengerecht erfassen.[56] Für Anlagen mit gleichartigen Nutzungsverläufen ist eine einheitliche Abschreibungsmethode festzulegen.[57] Dazu stehen im Unternehmensrecht mehrere Verfahrensweisen zur Verfügung, welche auch kombinierbar sind. Der vorhandene Ermessensspielraum bei der Methodenwahl wird jedoch durch die GoB eingeschränkt. Als Abschreibungsmethode steht im Unternehmensrecht neben Zeitabschreibungsmethoden auch eine mengenproportionale Abschreibungsmethode (Leistungsabschreibung[58]) zur Auswahl, wobei für Gebäude wegen dem zeitbezogenen

---

[53] Vgl *Janschek/Jung* in *Hirschler* (Hrsg), Bilanzrecht I² (2019) § 204 Rz 28; *Papst/Urnik/Urtz* in *Straube/Ratka/Rauter* (Hrsg), UGB. Wiener Kommentar, Band II³ (2017) § 204 Rz 8; *Fritz-Schmied/Kanduth-Kristen* in *Kanduth-Kristen/Fritz-Schmied* (Hrsg), Bilanzposten-Kommentar (2017) AP A.II.1. Rz 82.

[54] Vgl *Janschek/Jung* in *Hirschler* (Hrsg), Bilanzrecht I² (2019) § 204 Rz 28; *Dieter/Hohensinner* in *Zib/Dellinger* (Hrsg), UGB. Großkommentar, Band III – Teil 1 (2013) § 204 Rz 44ff; *Hofbauer/Rohatschek* in *Jabornegg/Artmann* (Hrsg), Unternehmensgesetzbuch. Kommentar, Band 2² (2017) § 204 Rz 16.

[55] Vgl *Janschek/Jung* in *Hirschler* (Hrsg), Bilanzrecht I² (2019) § 204 Rz 29.

[56] Vgl *Papst/Urnik/Urtz* in *Straube/Ratka/Rauter* (Hrsg), UGB. Wiener Kommentar, Band II³ (2017) § 204 Rz 10; *Konezny* in *Torggler* (Hrsg), UGB³ (2019) § 204 Rz 16.

[57] Vgl *Janschek/Jung* in *Hirschler* (Hrsg), Bilanzrecht I² (2019) § 204 Rz 29.

[58] Eine Leistungsabschreibung kann angewendet werden, wenn die Wertminderung mengenproportional erfolgt und zeitunabhängig ist. (Vgl *Konezny* in *Torggler* (Hrsg), UGB³ (2019) § 204 Rz 17.)

Verschleiß hauptsächlich Zeitabschreibungsmethoden[59] und dabei insb die lineare sowie degressive Zeitabschreibung zur Anwendung gelangen.[60]

Entsprechend dem Grundsatz der Bewertungsstetigkeit ist der einmal festgelegte Abschreibungsplan grundsätzlich beizubehalten. Unter Umständen können sich jedoch zwingende Planänderungen[61] ergeben.[62]

1.2.2. Außerplanmäßige Abschreibung von Betriebsgebäuden

Zur Berücksichtigung unvorhergesehener Wertminderungen sieht § 204 Abs 2 UGB ein zwingendes Wertminderungsgebot für sämtliche Vermögensgegenstände des Sachanlagevermögens vor. Demnach ist eine aufwandswirksame außerplanmäßige Abschreibung auf den beizulegenden Wert vorzunehmen, wenn dieser am Abschlussstichtag den (Rest-)Buchwert[63] einer Anlage dauerhaft unterschreitet („gemildertes Niederstwertprinzip").[64] Ursachen einer solchen Wertminderung können sowohl objektbezogener (Zerstörung oder Beschädigung) als auch marktbezogener (Nachfrageverschiebung oder technischer Fortschritt) Natur sein.[65] Dabei sind Grund und Boden sowie das Gebäude getrennt voneinander zu beurteilen.[66]

---

[59] Die lineare Zeitabschreibung, bei der von einem jährlich konstanten Wertverzehr ausgegangen wird, errechnet sich durch Division der Abschreibungsbasis durch die Abschreibungsdauer. Bei der degressiven Abschreibungsmethode sinkt der Abschreibungsbetrag jährlich (wird oft für Anlagen verwendet, deren Reparaturaufwendungen während der Nutzungsdauer ansteigen). Umgekehrt steigt bei der progressiven Abschreibung der Abschreibungsbetrag jährlich an. (Vgl *Janschek/Jung* in *Hirschler* (Hrsg), Bilanzrecht I² (2019) § 204 Rz 31ff; *Egger/Bertl,* Der Jahresabschluss nach dem Unternehmensgesetzbuch, Band 1¹⁷ (2018) 211ff.)

[60] Vgl *Hofbauer/Rohatschek* in *Jabornegg/Artmann* (Hrsg), Unternehmensgesetzbuch. Kommentar, Band 2² (2017) § 204 Rz 17; *Janschek/Jung* in *Hirschler* (Hrsg), Bilanzrecht I² (2019) § 204 Rz 29f, *Fritz-Schmied/Kanduth-Kristen* in *Kanduth-Kristen/Fritz-Schmied* (Hrsg), Bilanzposten-Kommentar (2017) AP A.II.1. Rz 80.

[61] Dabei sei insb auf eine mögliche Änderung der Abschreibungsbasis aufgrund nachträglicher Herstellungsaufwendungen oder vorgenommener außerplanmäßigen Abschreibungen bzw Zuschreibungen hingewiesen. Siehe dazu im Detail „Kapitel III.2. Auswirkungen der Baumaßnahmen auf die Folgebewertung des Gebäudes".

[62] Vgl *Papst/Urnik/Urtz* in *Straube/Ratka/Rauter* (Hrsg), UGB. Wiener Kommentar, Band II³ (2017) § 204 Rz 13f.; *Bertl/Deutsch-Goldoni/Hirschler,* Buchhaltungs- und Bilanzierungshandbuch¹¹ (2019) 439; *Kubat* in *Bertl/Mandl* (Hrsg), Handbuch zum Rechnungslegungsgesetz²¹ (2017) § 204 Abs 1 – 2 Rz 13.

[63] Der Buchwert von Grund und Boden stimmt idR mit den historischen Anschaffungskosten überein. Bei Gebäuden entspricht der Buchwert dem Zugangswert abzüglich den planmäßig vorgenommen Abschreibungen (= fortgeführte Anschaffungskosten). (Vgl *Fritz-Schmied/Kanduth-Kristen* in *Kanduth-Kristen/Fritz-Schmied* (Hrsg), Bilanzposten-Kommentar (2017) AP A.II.1. Rz 89; *Papst/Urnik/Urtz* in *Straube/Ratka/Rauter* (Hrsg), UGB. Wiener Kommentar, Band II³ (2017) § 204 Rz 18.)

[64] Vgl *Konezny* in *Torggler* (Hrsg), UGB³ (2019) § 204 Rz 20; *Janschek/Jung* in *Hirschler* (Hrsg), Bilanzrecht I² (2019) § 204 Rz 50.

[65] Vgl *Hofbauer/Rohatschek* in *Jabornegg/Artmann* (Hrsg), Unternehmensgesetzbuch. Kommentar, Band 2² (2017) § 204 Rz 33.

[66] Vgl *Fritz-Schmied/Kanduth-Kristen* in *Kanduth-Kristen/Fritz-Schmied* (Hrsg), Bilanzposten-Kommentar (2017) AP A.II.1. Rz 87.

Zur Beantwortung der Frage, ob eine außerplanmäßige Abschreibung vorgenommen werden muss, ist zunächst zu klären, was der beizulegende Wert ist und wann von einer voraussichtlich dauernden Wertminderung auszugehen ist.[67]

Der in § 189a Z 3 UGB normierte beizulegende Wert einer Anlage entspricht jenem Betrag, den ein Erwerber des gesamten Unternehmens im Rahmen des Gesamtkaufpreises für den jeweiligen Vermögensgegenstand ansetzen würde. Dies unter der Prämisse, dass der Erwerber das Unternehmen fortführt („going concern-Prinzip"). Die unternehmensspezifische Nutzungsmöglichkeit des Vermögensgegenstandes ist bei der Bewertung zu berücksichtigen.[68] Zur Bemessung des beizulegenden Wertes können der Ertragswert, der Wiederbeschaffungswert oder der Einzelveräußerungswert herangezogen werden. Während selbstgenutzte Gebäude meist mit dem Wiederbeschaffungswert[69] bewertet werden, wird bei vermieteten Gebäuden eine Heranziehung des Ertragswertes empfohlen.[70]

Für die zwingende Durchführung einer außerplanmäßigen Abschreibung ist die Dauerhaftigkeit der Wertminderung ausschlaggebend. Nur bei einer voraussichtlich dauernden Wertminderung besteht eine Abwertungspflicht. Eine freiwillige außerplanmäßige Abschreibung ist ohne Erfüllung dieses Kriteriums nur für Finanzanlagen zulässig.[71] Bei Gebäuden wird eine voraussichtlich dauerhafte Wertminderung jedenfalls dann angenommen, wenn der beizulegende Wert des Gebäudes voraussichtlich während eines erheblichen Teiles der Restnutzungsdauer unter dem Buchwert nach Abschreibungsplan liegt.[72] Die Festlegung auf einen bestimmten Zeitraum, über den die Wertminderung zu bestehen hat, wird von der Literatur aufgrund unterschiedlicher Branchenzyklen, Investitionszyklen und Geschäftsmodellen mehrheitlich abgelehnt.[73] Insb bei nicht abnutzbarem Anlagevermögen (Grund und Boden) ist aufgrund des Vorsichtsprinzips im Zweifel eine dauerhafte

---

[67] Vgl *Janschek/Jung* in *Hirschler* (Hrsg), Bilanzrecht I² (2019) § 204 Rz 52.

[68] Vgl *Petutschnig*, Bewertungsmethoden im UGB-Jahresabschluss und Maßgeblichkeit, in *Bertl et al* (Hrsg), Wertmaßstäbe (2018) 54; *Papst/Urnik/Urtz* in *Straube/Ratka/Rauter* (Hrsg), UGB. Wiener Kommentar, Band II³ (2017) § 204 Rz 18/2.

[69] Dabei sind nicht nur die Reproduktionskosten relevant, sondern auch sonstige wertbestimmende Faktoren, wie die Grundstückslage, das Alter des Gebäudes oder dessen besondere Ausstattung. (Vgl *Bertl,* Die Bilanzierung von Immobilien nach UGB, in *Bertl et al* (Hrsg), Immobilien im Bilanz- und Steuerrecht (2007) 77.)

[70] Vgl *Hirschler,* Wertbegriffe im UGB, in *Bertl et al* (Hrsg), Wertmaßstäbe (2018) 44f; *Hofbauer/Rohatschek* in *Jabornegg/Artmann* (Hrsg), Unternehmensgesetzbuch. Kommentar, Band 2² (2017) § 204 Rz 38.

[71] Vgl *Janschek/Jung* in *Hirschler* (Hrsg), Bilanzrecht I² (2019) § 204 Rz 61; *Papst/Urnik/Urtz* in *Straube/Ratka/Rauter* (Hrsg), UGB. Wiener Kommentar, Band II³ (2017) § 204 Rz 23/1.

[72] Vgl *Papst/Urnik/Urtz* in *Straube/Ratka/Rauter* (Hrsg), UGB. Wiener Kommentar, Band II³ (2017) § 204 Rz 23; *Bertl/Deutsch-Goldoni/Hirschler,* Buchhaltungs- und Bilanzierungshandbuch¹¹ (2019) 451.

[73] Vgl *Janschek/Jung* in *Hirschler* (Hrsg), Bilanzrecht I² (2019) § 204 Rz 62; *Konezny* in *Torggler* (Hrsg), UGB³ (2019) § 204 Rz 24.

Wertminderung anzunehmen.[74] Ein Indiz für die Dauerhaftigkeit der Wertminderung kann dabei auch die Höhe der Wertminderung sein.[75] Bei der Beurteilung einer dauerhaften Wertminderung besteht für den Bilanzierenden ein gewisser Ermessensspielraum und damit bilanzpolitisches Gestaltungspotential.[76]

Die Vornahme einer außerplanmäßigen Gebäudeabschreibung bewirkt eine Änderung der zukünftigen planmäßigen Abschreibung des Gebäudes, da dessen Buchwert nach Vornahme der außerplanmäßigen Abschreibung über die (eventuell neu festzusetzende) Restnutzungsdauer des Gebäudes zu verteilen ist.[77] Unter Umständen kann eine außerplanmäßige Gebäudeabschreibung durch die Durchführung von Sanierungs- bzw Erhaltungsmaßnahmen[78] verhindert werden.[79]

1.2.3. Wertaufholung von Betriebsgebäuden

§ 208 Abs 1 UGB sieht für Vermögensgegenstände des Anlagevermögens ein striktes Wertaufholungsgebot vor, wenn sich in einem späteren Geschäftsjahr herausstellt, dass die Gründe[80] für eine vorgenommene außerplanmäßige Abschreibung nicht mehr bestehen, es zu einer tatsächlichen Wertaufholung kommt und dies dem Unternehmen bekannt ist.[81] Vom Wertaufholungsgebot sind nur außerplanmäßig vorgenommene Abschreibungen umfasst, nicht jedoch die planmäßige Abschreibung.[82]

---

[74] Vgl *Dieter/Hohensinner* in *Zib/Dellinger* (Hrsg), UGB. Großkommentar, Band III – Teil 1 (2013) § 204 Rz 112; *Janschek/Jung* in *Hirschler* (Hrsg), Bilanzrecht I² (2019) § 204 Rz 63.

[75] Vgl *Konezny* in *Torggler* (Hrsg), UGB³ (2019) § 204 Rz 20; *Dieter/Hohensinner* in *Zib/Dellinger* (Hrsg), UGB. Großkommentar, Band III – Teil 1 (2013) § 204 Rz 115ff.

[76] Vgl *Kubat* in *Bertl/Mandl* (Hrsg), Handbuch zum Rechnungslegungsgesetz²¹ (2017) § 204 Abs 1 – 2 Rz 21.

[77] Vgl *Fritz-Schmied/Kanduth-Kristen* in *Kanduth-Kristen/Fritz-Schmied* (Hrsg), Bilanzposten-Kommentar (2017) AP A.II.1. Rz 89; *Kubat* in *Bertl/Mandl* (Hrsg), Handbuch zum Rechnungslegungsgesetz²¹ (2017) § 204 Abs 1 – 2 Rz 21.

[78] Siehe dazu im Detail „Kapitel III.2.3. Baumaßnahmen und außerplanmäßige Abschreibung im UGB".

[79] Vgl *Fritz-Schmied/Urnik,* Die Abgrenzung von Herstellungs- und Erhaltungsaufwand für (Miet-)Gebäude in unternehmens- und steuerrechtlicher Hinsicht: Status Quo und Überlegungen zur Vereinheitlichung, in *Urnik/Fritz-Schmied* (Hrsg), Jahrbuch Bilanzsteuerrecht 2018 (2018) 69; *Fritz-Schmied/Kanduth-Kristen* in *Kanduth-Kristen/Fritz-Schmied* (Hrsg), Bilanzposten-Kommentar (2017) AP A.II.1. Rz 89.

[80] Gründe können geänderte rechtliche Rahmenbedingungen, technischer Fortschritt oder eine Nachfrageveränderung sein. Aber auch am Objekt vorgenommene Erhaltungsaufwendungen können eine Zuschreibung auslösen. (Vgl *Fritz-Schmied/Kanduth-Kristen* in *Kanduth-Kristen/Fritz-Schmied* (Hrsg), Bilanzposten-Kommentar (2017) AP A.II.1. Rz 91; *Fritz-Schmied/Urnik,* Die Abgrenzung von Herstellungs- und Erhaltungsaufwand für (Miet-)Gebäude in unternehmens- und steuerrechtlicher Hinsicht: Status Quo und Überlegungen zur Vereinheitlichung, in *Urnik/Fritz-Schmied* (Hrsg), Jahrbuch Bilanzsteuerrecht 2018 (2018) 69.)

[81] Vgl *Egger* in *Bertl/Mandl* (Hrsg), Handbuch zum Rechnungslegungsgesetz²² (2018) § 208 iVm § 906 Abs 32 Rz 2; *Eberhartinger/Amberger* in *Hirschler* (Hrsg), Bilanzrecht I² (2019) § 208 Rz 9.

[82] Vgl *Hofbauer/Schiemer-Haberl* in *Jabornegg/Artmann* (Hrsg), Unternehmensgesetzbuch. Kommentar, Band 2² (2017) § 208 Rz 5; *Loser/Urnik/Urtz* in *Straube/Ratka/Rauter* (Hrsg), UGB. Wiener Kommentar, Band II³ (2017) § 208 Rz 6.

Kontrovers diskutiert wird, ob es für eine Zuschreibung den Wegfall der konkreten Gründe für die einstige außerplanmäßige Abschreibung bedarf (enge Auslegungsvariante) oder ob eine bloße Wertaufholung an sich bereits ausreichend ist (weite Auslegungsvariante).[83] Während bei der engen Auslegungsvariante ein Kausalzusammenhang zwischen den ursprünglichen Abschreibungsgründen und der Wertaufholung gefordert wird, stützt sich die weite Auslegungsvariante primär auf die Vermittlung eines möglichst getreuen Einblicks in die Vermögens-, Finanz- und Ertragslage des Unternehmens.[84] Im Schrifttum lässt sich eine Tendenz in Richtung weite Auslegungsvariante beobachten, nach der nicht auf den Wegfall der ursprünglichen Gründe, sondern auf eine Wertaufholung insgesamt abzustellen ist.[85]

Von obiger Diskussion abgesehen ist eine Wertaufholung jedenfalls dann zu verneinen, wenn die jeweiligen Abschreibungsgründe zwar weggefallen sind, aus anderen Gründen jedoch keine Wertaufholung eintritt.[86]

Liegen die notwendigen Voraussetzungen für eine Wertaufholung vor, errechnet sich die erfolgswirksame Zuschreibung grundsätzlich aus dem Unterschiedsbetrag zwischen Buchwert und beizulegendem Wert am Abschlussstichtag.[87] Die Höhe der Zuschreibung ist jedoch mehrfach begrenzt: Zunächst gilt, dass der Betrag der vorgenommenen außerplanmäßigen Abschreibung nicht überschritten werden darf. Somit ist bei nicht abnutzbarem Anlagevermögen (Grund und Boden) eine Zuschreibung bis maximal zu den historischen Anschaffungskosten möglich. Zudem ist die Wertaufholung mit der tatsächlich eingetretenen Werterhöhung limitiert. Bei abnutzbarem Anlagevermögen (Gebäude) ist die Zuschreibung neben der Höhe der Wertaufholung mit den fortgeführten Anschaffungs- oder Herstellungskosten begrenzt.[88] Dabei sind fiktiv jene

---

[83] Vgl *Hofbauer/Schiemer-Haberl* in *Jabornegg/Artmann* (Hrsg), Unternehmensgesetzbuch. Kommentar, Band 2[2] (2017) § 208 Rz 5; *Konezny* in *Torggler* (Hrsg), UGB[3] (2019) § 208 Rz 6; *Eberhartinger/Amberger* in *Hirschler* (Hrsg), Bilanzrecht I[2] (2019) § 208 Rz 16.

[84] Vgl *Loser/Urnik/Urtz* in *Straube/Ratka/Rauter* (Hrsg), UGB. Wiener Kommentar, Band II[3] (2017) § 208 Rz 7; *Eberhartinger/Amberger* in *Hirschler* (Hrsg), Bilanzrecht I[2] (2019) § 208 Rz 16a und 19a.

[85] Vgl *Eberhartinger/Amberger* in *Hirschler* (Hrsg), Bilanzrecht I[2] (2019) § 208 Rz 19a; *Egger* in *Bertl/Mandl* (Hrsg), Handbuch zum Rechnungslegungsgesetz[22] (2018) § 208 iVm § 906 Abs 32 Rz 2; *Dieter/Hohensinner* in *Zib/Dellinger* (Hrsg), UGB. Großkommentar, Band III – Teil 1 (2013) § 208 Rz 18f; *Fritz-Schmied/Kanduth-Kristen* in *Kanduth-Kristen/Fritz-Schmied* (Hrsg), Bilanzposten-Kommentar (2017) AP A.II.1. Rz 91; *Egger/Bertl*, Der Jahresabschluss nach dem Unternehmensgesetzbuch, Band 1[17] (2018) 219; anders jedoch *Loser/Urnik/Urtz* in *Straube/Ratka/Rauter* (Hrsg), UGB. Wiener Kommentar, Band II[3] (2017) § 208 Rz 7.

[86] Vgl *Eberhartinger/Amberger* in *Hirschler* (Hrsg), Bilanzrecht I[2] (2019) § 208 Rz 20; *Dieter/Hohensinner* in *Zib/Dellinger* (Hrsg), UGB. Großkommentar, Band III – Teil 1 (2013) § 208 Rz 19.

[87] Vgl *Konezny* in *Torggler* (Hrsg), UGB[3] (2019) § 208 Rz 8.

[88] Vgl *Hofbauer/Schiemer-Haberl* in *Jabornegg/Artmann* (Hrsg), Unternehmensgesetzbuch. Kommentar, Band 2[2] (2017) § 208 Rz 8; *Dieter/Hohensinner* in *Zib/Dellinger* (Hrsg), UGB. Großkommentar, Band III – Teil 1 (2013) § 208 Rz 26ff; *Eberhartinger/Amberger* in *Hirschler* (Hrsg), Bilanzrecht I[2] (2019) § 208 Rz 21f.

Abschreibungsbeträge heranzuziehen, die ohne außerplanmäßige Abschreibung vorzunehmen gewesen wären.[89]

Im Ergebnis entspricht der Betrag der zu berücksichtigenden Wertaufholung dem kleineren Wert aus fortgeschriebenen Anschaffungs- oder Herstellungskosten abzüglich Buchwert sowie der Höhe der beim Gebäude am Bilanzstichtag eingetretenen Wertaufholung.[90]

Die erfolgswirksame Wertaufholung bewirkt eine Änderung der zukünftigen planmäßigen Abschreibung des Gebäudes, da sich durch die Zuschreibung eine neue Abschreibungsbasis ergibt. Zudem kann unter Umständen die Festsetzung einer geänderten Nutzungsdauer erforderlich sein. Somit hat eine Korrektur des Abschreibungsplans zu erfolgen.[91]

2. Steuerliche Bestimmungen zur Zugangs- und Folgebewertung

2.1. Maßgeblichkeit des UGB für das Steuerrecht

Das Verhältnis von Unternehmens- und Steuerrecht ist vom Maßgeblichkeitsprinzip des § 5 Abs 1 EStG geprägt. Demnach sind für die steuerliche Gewinnermittlung rechnungslegungspflichtiger Gewerbetreibender (Gewinnermittler nach § 5 Abs 1 EStG) die unternehmensrechtlichen GoB maßgeblich, insofern im EStG keine davon abweichenden zwingenden Vorschriften bestehen.[92]

Die hM geht dabei von einer formellen Maßgeblichkeit[93] des UGB aus, wonach neben dem Bilanzansatz auch die konkrete Bewertung innerhalb der UGB-Bilanz maßgeblich für die steuerliche Bewertung ist.[94] Der steuerlichen Gewinnermittlung ist somit die unternehmensrechtliche Bilanz

---

[89] Vgl *Konezny* in *Torggler* (Hrsg), UGB³ (2019) § 208 Rz 8.

[90] Vgl *Eberhartinger/Amberger* in *Hirschler* (Hrsg), Bilanzrecht I² (2019) § 208 Rz 23; *Loser/Urnik/Urtz* in *Straube/Ratka/Rauter* (Hrsg), UGB. Wiener Kommentar, Band II³ (2017) § 208 Rz 20.

[91] Vgl *Fritz-Schmied/Kanduth-Kristen* in *Kanduth-Kristen/Fritz-Schmied* (Hrsg), Bilanzposten-Kommentar (2017) AP A.II.1. Rz 91; *Loser/Urnik/Urtz* in *Straube/Ratka/Rauter* (Hrsg), UGB. Wiener Kommentar, Band II³ (2017) § 208 Rz 23.

[92] Vgl *Bertl/Deutsch-Goldoni/Hirschler,* Buchhaltungs- und Bilanzierungshandbuch¹¹ (2019) 259; *Doralt/Ruppe,* Grundriss des österreichischen Steuerrechts, Band I¹² (2019) Rz 200; *Marschner* in *Kanduth-Kristen et al* (Hrsg), Jakom EStG¹³ (2020) § 5 Rz 17.

[93] Folgt man hingegen dem (vereinzelt vertretenen) materiellen Maßgeblichkeitsprinzip, ist nur der Bilanzansatz, nicht aber die unternehmensrechtliche Bewertung maßgeblich für die Steuerbilanz. Demnach sind für die Erstellung der Steuerbilanz lediglich die unternehmensrechtlichen GoB anzuwenden. Unternehmensrechtliche Wahlrechte können jedoch für steuerliche Zwecke unterschiedlich ausgeübt werden. (Vgl *Fraberger/Petritz/Wytrzens,* Maßgeblichkeitsprinzip, in *Bertl/Hirschler* (Hrsg), Handbuch der österreichischen Steuerlehre, Band II³ (2016) 93; *Marschner* in *Kanduth-Kristen et al* (Hrsg), Jakom EStG¹³ (2020) § 4 Rz 203; *Zorn* in *Doralt et al* (Hrsg), EStG²¹ (2020) § 4 Rz 109.)

[94] Vgl *Bertl/Deutsch-Goldoni/Hirschler,* Buchhaltungs- und Bilanzierungshandbuch¹¹ (2019) 259; *Marschner* in *Kanduth-Kristen et al* (Hrsg), Jakom EStG¹³ (2020) § 4 Rz 203.

zugrunde zu legen, dh die Erstellung der Steuerbilanz setzt direkt bei der konkreten unternehmensrechtlichen Bilanz an. Bestehende Bilanzierungs- und Bewertungswahlrechte müssen, damit diese steuerlich wirksam werden, in der Unternehmens- und Steuerbilanz gleichförmig ausgeübt werden.[95]

Zusammenfassend ergibt sich folgendes Verhältnis zwischen UGB- und Steuerbilanz:[96]

- Treffen eine unternehmensrechtliche und steuerliche Mussbestimmung aufeinander, so ist jeweils der zwingenden Norm zu folgen.
- Trifft eine unternehmensrechtliche Mussbestimmung auf eine steuerliche Kannbestimmung, ist aufgrund des Maßgeblichkeitsprinzips in der Steuerbilanz der unternehmensrechtlichen Norm zu folgen.
- Beim Vorliegen einer unternehmensrechtlichen Kannbestimmung und einer steuerlichen Mussbestimmung, ist in der Steuerbilanz (unabhängig vom unternehmensrechtlich gewählten Wahlrecht) jedenfalls der zwingenden steuerlichen Norm zu folgen.
- Liegt sowohl im Unternehmens- als auch im Steuerrecht eine Kannbestimmung vor, ist aufgrund des Maßgeblichkeitsprinzips das in der UGB-Bilanz gewählte Wahlrecht für die Steuerbilanz maßgeblich. Dasselbe gilt, wenn eine unternehmensrechtliche, aber keine steuerliche Regelung besteht („ergänzende Maßgeblichkeit“[97]).

Bestehen zwingende steuerliche Vorschriften gehen diese somit bei der steuerlichen Gewinnermittlung vor, wenn sie von den unternehmensrechtlichen GoB abweichen. Die unternehmensrechtlichen Bilanzansätze sind daher für steuerliche Zwecke zu berichtigen. Dies geschieht idR in Form einer steuerlichen „Mehr-Weniger-Rechnung“[98]. In der Praxis wird die UGB-Bilanz häufig bereits derart gestaltet, dass diese weitgehend den steuerlichen Anforderungen entspricht („umgekehrte Maßgeblichkeit“).[99]

---

[95] Vgl *Fraberger/Petritz/Wytrzens,* Maßgeblichkeitsprinzip, in *Bertl/Hirschler* (Hrsg), Handbuch der österreichischen Steuerlehre, Band II³ (2016) 93; *Zorn* in *Doralt et al* (Hrsg), EStG²¹ (2020) § 4 Rz 109; *Marschner* in *Kanduth-Kristen et al* (Hrsg), Jakom EStG¹³ (2020) § 4 Rz 203 und 206.

[96] Vgl *Bertl/Deutsch-Goldoni/Hirschler,* Buchhaltungs- und Bilanzierungshandbuch¹¹ (2019) 259; *Marschner* in *Kanduth-Kristen et al* (Hrsg), Jakom EStG¹³ (2020) § 4 Rz 204; *Winkler* in *Wiesner et al* (Hrsg), EStG³⁰ (2019) § 5 Rz 11; EStR 2000, Rz 434.

[97] Kritisch dazu *Zorn* in *Doralt et al* (Hrsg), EStG²¹ (2020) § 4 Rz 111.

[98] Vgl *Marschner* in *Kanduth-Kristen et al* (Hrsg), Jakom EStG¹³ (2020) § 4 Rz 201; *Zorn* in *Doralt et al* (Hrsg), EStG²¹ (2020) § 4 Rz 108; EStR 2000, Rz 432.

[99] Vgl *Fraberger/Petritz/Wytrzens,* Maßgeblichkeitsprinzip, in *Bertl/Hirschler* (Hrsg), Handbuch der österreichischen Steuerlehre, Band II³ (2016) 92; *Doralt/Ruppe,* Grundriss des österreichischen Steuerrechts, Band I¹² (2019) Rz 203.

Da sowohl im UGB als auch im EStG zahlreiche eigenständige Sonderregelungen bestehen und die Maßgeblichkeit des UGB häufig durchbrochen wird, geht ein Teil der Lehre davon aus, dass für den Maßgeblichkeitsgrundsatz beinahe kein Anwendungsbereich mehr besteht. Auch der VwGH neigt dazu, die Eigenständigkeit der steuerlichen Begriffe (und somit deren Unabhängigkeit vom UGB) in den Vordergrund zu stellen.[100]

2.2. Abweichungen von der Maßgeblichkeit des UGB in der Zugangsbewertung

Die Bestimmungen von § 6 Z 1 und 2 lit a EStG zur steuerlichen Zugangsbewertung von Anlagevermögen (und somit von Grundstücken des Betriebsvermögens) stimmen konzeptionell mit denen von § 203 Abs 1 UGB überein. Wie im UGB bilden die Anschaffungs- und Herstellungskosten auch im Steuerrecht die zentralen Maßstäbe für die Zugangsbewertung.[101]

Da das Steuerrecht keine Definition für Anschaffungskosten enthält, sind die nach unternehmensrechtlichen Bestimmungen ermittelten Anschaffungskosten grundsätzlich maßgeblich für den steuerlichen Ansatz.[102] Es kann jedoch Anpassungsbedarf bestehen, wenn bei der Ermittlung der unternehmensrechtlichen Anschaffungskosten gegen steuerliche Sonderregelungen verstoßen wird.[103] Dadurch kann es im Steuerrecht zu vom unternehmensrechtlichen Ansatz abweichenden Anschaffungskosten kommen.

Der steuerliche Umfang der Herstellungskosten bestimmt sich unter Berücksichtigung von § 6 Z 2 EStG nach den in § 203 Abs 3 UGB normierten unternehmensrechtlichen Herstellungskosten. Die unternehmensrechtliche Bewertung von Herstellungskosten ist maßgeblich für das Steuerrecht, somit sind die im UGB gewählten Wahlrechte[104] auf die steuerliche Bewertung zu übertragen. Seit der mit dem RÄG 2014 eingeführten Aktivierungspflicht von variablen und fixen

---

[100] Vgl *Fraberger/Petritz/Wytrzens,* Maßgeblichkeitsprinzip, in *Bertl/Hirschler* (Hrsg), Handbuch der österreichischen Steuerlehre, Band II³ (2016) 97; *Marschner* in *Kanduth-Kristen et al* (Hrsg), Jakom EStG¹³ (2020) § 4 Rz 202; *Orlet,* Die schrittweise Annäherung des UGB an das EStG?, ÖStZ 2016 H 24 695; VwGH 13.4.2005, 2001/13/0122; VwGH 24.9.2007, 2006/15/0333; VwGH 23.10.2013, 2010/13/0147.

[101] Vgl *Janschek/Jung* in *Hirschler* (Hrsg), Bilanzrecht I² (2019) § 203 Rz 242.

[102] Vgl *Urnik/Urtz* in *Straube/Ratka/Rauter* (Hrsg), UGB. Wiener Kommentar, Band II³ (2017) § 203 Rz 57; *Laudacher* in *Kanduth-Kristen et al* (Hrsg), Jakom EStG¹³ (2020) § 6 Rz 25; *Fattinger/Patloch-Kofler* in *Bertl/Mandl* (Hrsg), Handbuch zum Rechnungslegungsgesetz²¹ (2017) § 203 Abs 1 – 4 Rz 7.

[103] Unterschiede können sich bspw aus der steuerlichen Angemessenheitsprüfung gem § 20 Abs 1 Z 2 lit b EStG ergeben. Bei Subventionen ist zwingend die Nettomethode anzuwenden, während im UGB die Bildung eines Passivpostens (Bruttomethode) bevorzugt wird. (Vgl *Fraberger/Petritz/Wytrzens,* Allgemeine Bewertungsvorschriften, in *Bertl/Hirschler* (Hrsg), Handbuch der österreichischen Steuerlehre, Band II³ (2016) 131; *Janschek/Jung* in *Hirschler* (Hrsg), Bilanzrecht I² (2019) § 203 Rz 247.)

[104] Davon ausgenommen ist das (nur für Umlaufvermögen relevante) in § 206 Abs 3 UGB eingeräumte Wahlrecht zur Aktivierung anteiliger Verwaltungs- und Vertriebsgemeinkosten. (Vgl *Janschek/Jung* in *Hirschler* (Hrsg), Bilanzrecht I² (2019) § 203 Rz 253; EStR 2000, Rz 2199.)

Material- und Fertigungsgemeinkosten stimmen die unternehmensrechtlichen und steuerlichen Komponenten der Herstellungskosten grundsätzlich überein. Es sind jedoch (wie bei den Anschaffungskosten) Anpassungen[105] in steuerlicher Hinsicht vorzunehmen, wenn in den unternehmensrechtlichen Herstellungskosten steuerlich nicht oder in anderer Höhe abzugsfähige Aufwendungen enthalten sind. Dadurch kann es im Steuerrecht zu vom unternehmensrechtlichen Ansatz abweichenden Herstellungskosten kommen.[106]

2.3. Abweichungen von der Maßgeblichkeit des UGB in der Folgebewertung

Wie im UGB ist auch im EStG eine auf die betriebsgewöhnliche Nutzungsdauer gleichmäßig zu verteilende sog Absetzung für Abnutzung (AfA) von abnutzbarem Anlagevermögen vorgesehen.[107] Das Steuerrecht regelt Abschreibungen jedoch weitgehend eigenständig und zeichnet sich durch eine Vielzahl von Einzel- und Sonderregelungen aus. Dadurch ist die Bedeutung der Maßgeblichkeit der Unternehmensbilanz für das Steuerrecht stark eingeschränkt. Neben den allgemeinen Bestimmungen zur AfA nach § 7 EStG sind in der vorliegenden Masterarbeit die Abschreibung auf den niedrigeren Teilwert von abnutzbarem Anlagevermögen nach § 6 Z 1 EStG, die Absetzung für außergewöhnliche technische oder wirtschaftliche Abnutzung (AfaA) nach § 8 Abs 4 EStG sowie insb die in § 8 Abs 1 EStG vorgesehenen Spezialnormen zur Gebäudeabschreibung von Bedeutung.[108]

Nach § 7 Abs 1 EStG sind die steuerlichen Anschaffungs- oder Herstellungskosten von abnutzbarem Anlagevermögen, dessen Verwendung oder Nutzung sich über einen Zeitraum von mehr als einem Jahr erstreckt, entsprechend ihrer betriebsgewöhnlichen Nutzungsdauer[109] gleichmäßig zu

---

[105] Bspw sind bei der Berechnung im Steuerrecht zwingend Istkosten heranzuziehen. Bei Subventionen ist zwingend die Nettomethode anzuwenden, während im UGB die Bildung eines Passivpostens (Bruttomethode) bevorzugt wird. (Vgl *Janschek/Jung* in *Hirschler* (Hrsg), Bilanzrecht I² (2019) § 203 Rz 252, *Fraberger/Petritz/Wytrzens,* Allgemeine Bewertungsvorschriften, in *Bertl/Hirschler* (Hrsg), Handbuch der österreichischen Steuerlehre, Band II³ (2016) 146; *Mayr* in *Doralt et al* (Hrsg), EStG²¹ (2020) § 6 Rz 99; EStR 2000, Rz 2223 und 2556.)

[106] Vgl *Urnik/Urtz* in *Straube/Ratka/Rauter* (Hrsg), UGB. Wiener Kommentar, Band II³ (2017) § 203 Rz 99ff; *Janschek/Jung* in *Hirschler* (Hrsg), Bilanzrecht I² (2019) § 203 Rz 251ff; *Atzmüller/Wiesner/Zangerl-Reiter* in *Wiesner et al* (Hrsg), EStG²⁸ (2019) § 6 Rz 32; *Bertl/Deutsch-Goldoni/Hirschler,* Buchhaltungs- und Bilanzierungshandbuch¹¹ (2019) 389; *Marchhart,* Neuer Mindestansatz der Herstellungskosten nach § 203 Abs 3 UGB idF RÄG 2014, RWP 2017 H 1, 3; *oV,* Herstellungskosten im Unternehmens- und Steuerrecht ab 2016, BBi 2017 H 5, 1.

[107] Vgl *Bertl/Deutsch-Goldoni/Hirschler,* Buchhaltungs- und Bilanzierungshandbuch¹¹ (2019) 441.

[108] Vgl *Janschek/Jung* in *Hirschler* (Hrsg), Bilanzrecht I² (2019) § 204 Rz 99 und 104.

[109] Nach der Rechtsprechung des VwGH ist bei der Bemessung auf die objektiven und betriebsindividuellen Nutzungsmöglichkeiten abzustellen. Der Wertverzehr kann dabei technisch, wirtschaftlich oder zeitlich bedingt sein. (Vgl *Ryda/Langheinrich,* Die Absetzung für Abnutzung für Gebäude und der auf diese getätigten Aufwendungen – eine Betrachtung im Lichte der Neuerungen des StRefG 2015/2016, FJ 2017 H 1, 16; *oV,* Ermittlung der betriebsgewöhnlichen Nutzungsdauer, BBi 2018 H 10, 2; VwGH 27.1.1994, 92/15/0127; VwGH 25.4.2002, 98/15/0091.)

verteilen.[110] Im Unterschied zum UGB gilt dabei die lineare Abschreibung als einzig zulässige Form der AfA. Im Jahr des Zugangs bzw Abgangs eines Wirtschaftsgutes ist zwingend die (auch im UGB erlaubte) Halbjahresregel des § 7 Abs 2 EStG zu beachten.[111] Die Vornahme der AfA ist im EStG grundsätzlich erst ab dem Zeitpunkt der Inbetriebnahme möglich. Bei einem nutzungsunabhängigen Wertverzehr ist der Beginn des AfA-Zeitraumes jedoch ausnahmsweise bereits vor dem Zeitpunkt der tatsächlichen Inbetriebnahme zulässig.[112] Dies trifft nach der Rechtsprechung insb auf Wohngebäude zu.[113]

2.3.1. Sonderbestimmungen zur Folgebewertung von Betriebsgebäuden

Da auch im EStG grundsätzlich nur das Gebäude abnutzbar ist, ist ein etwaiger Gesamtkaufpreis beim Zugang eines bebauten Grundstücks prinzipiell anhand der Methode der Sachwertverhältnisse auf den Grund und Boden sowie das Gebäude aufzuteilen.[114] Dabei wird der Kaufpreis für das gesamte Grundstück entsprechend der Verkehrswerte von Grund und Boden sowie Gebäude aufgeteilt. Unter bestimmten Voraussetzungen ist auch die Differenzmethode zulässig, bei der sich der Gebäudewert aus der Differenz zwischen Gesamtkaufpreis und Grundstückswert errechnet.[115]

Bei der Berechnung der Bemessungsgrundlage für die AfA ist ein Restwert (Schrottwert) grundsätzlich nicht zu berücksichtigen, ein solcher kürzt lediglich den letzten Absetzungsbetrag.[116] Liegt jedoch ein wesentlicher Schrottwert vor, soll dieser nach einem Teil der Lehre bei der Berechnung

---

[110] Vgl *Doralt/Ruppe,* Grundriss des österreichischen Steuerrechts, Band I[12] (2019) Rz 419.

[111] Vgl *Papst/Urnik/Urtz* in *Straube/Ratka/Rauter* (Hrsg), UGB. Wiener Kommentar, Band II[3] (2017) § 204 Rz 26; *Janschek/Jung* in *Hirschler* (Hrsg), Bilanzrecht I[2] (2019) § 204 Rz 105 und 112; *Urnik/Brandt,* Steuerliche Abschreibungskonzepte für Sachanlagen: Eine wirkungsanalytische und normative Betrachtung uB der Vorschläge im Entwurf zur „Gemeinsamen konsolidierten Körperschaftsteuerbemessungsgrundlage", in *Urnik/Fritz-Schmied* (Hrsg), Jahrbuch Bilanzsteuerrecht 2018 (2018) 92.

[112] Vgl *Kanduth-Kristen* in *Kanduth-Kristen et al* (Hrsg), Jakom EStG[13] (2020) § 7 Rz 71; *Doralt* in *Doralt et al* (Hrsg), EStG[13] (2009) § 7 Rz 33; *Janschek/Jung* in *Hirschler* (Hrsg), Bilanzrecht I[2] (2019) § 20 Rz 110; *Hirschler/Rohner,* Besondere Bewertungsvorschriften, in *Bertl/Hirschler* (Hrsg), Handbuch der österreichischen Steuerlehre, Band II[3] (2016) 165; *Kovar/Hildebrand,* Die Absetzung für Abnutzung bei Gebäuden, in *Haunold et al* (Hrsg), Immobilienbesteuerung[4] (2016) 174f.

[113] Vgl *Kanduth-Kristen* in *Kanduth-Kristen et al* (Hrsg), Jakom EStG[13] (2020) § 7 Rz 71; *Doralt* in *Doralt et al* (Hrsg), EStG[13] (2009) § 7 Rz 32; VwGH 23.5.2013, 2010/15/0067.

[114] Vgl *Kanduth-Kristen* in *Kanduth-Kristen et al* (Hrsg), Jakom EStG[13] (2020) § 8 Rz 10; *Atzmüller/Wiesner/Zangerl-Reiter* in *Wiesner et al* (Hrsg), EStG[28] (2019) § 6 Rz 41; *Ryda/Langheinrich,* Die Absetzung für Abnutzung für Gebäude und der auf diese getätigten Aufwendungen – eine Betrachtung im Lichte der Neuerungen des StRefG 2015/2016, FJ 2017 H 1, 16; VwGH 16.9.2015, Ro 2014/13/0008; VwGH 13.12.1989, 88/13/0056.

[115] Vgl *Atzmüller/Wiesner/Zangerl-Reiter* in *Wiesner et al* (Hrsg), EStG[28] (2019) § 6 Rz 41; VwGH 19.3.2002, 97/14/0034; VwGH 7.9.1990, 86/14/0084.

[116] Vgl *Doralt* in *Doralt et al* (Hrsg), EStG[13] (2009) § 7 Rz 27; *Winkler* in *Wiesner et al* (Hrsg), EStG[30] (2019) § 7 Rz 7; *Bertl/Deutsch-Goldoni/Hirschler,* Buchhaltungs- und Bilanzierungshandbuch[11] (2019) 445; *Hirschler/Rohner,* Besondere Bewertungsvorschriften, in *Bertl/Hirschler* (Hrsg), Handbuch der österreichischen Steuerlehre, Band II[3] (2016) 165; EStR 2000, Rz 3111.

der AfA-Basis berücksichtigt werden dürfen.[117] Nachträgliche Anschaffungs- oder Herstellungskosten erhöhen wie im UGB grundsätzlich den Buchwert, wobei durch nachträgliche Herstellungsaufwendungen auch eine Verlängerung der Restnutzungsdauer ausgelöst werden kann.[118]

Für Betriebsgebäude gelten in Bezug auf die AfA die mit dem StRefG 2015/2016 neu gestalteten Sonderregelungen des § 8 Abs 1 EStG. Dieser sieht für betrieblich genutzte Gebäude einen pauschalen jährlichen AfA-Satz von 2,5 % vor, bei zu Wohnzwecken überlassenen Gebäuden beträgt der jährliche Afa-Satz 1,5 %.[119] Unter Nachweis einer abweichenden Nutzungsdauer ist es jedoch in beiden Bereichen möglich, andere – meist höhere AfA-Sätze – zu verwenden. Dazu ist idR ein Gutachten eines Sachverständigen über den technischen Bauzustand des Gebäudes vorzulegen. Ein solches Gutachten wird in vielen Fällen empfehlenswert sein, da die gesetzliche Nutzungsdauer oft nicht den betriebswirtschaftlichen Gegebenheiten entspricht und durch einen höheren AfA-Satz meist Steuervorteile erzielt werden können.[120]

Gem dem Grundsatz der Einzelbewertung ist der jeweilige AfA-Satz des § 8 Abs 1 EStG für sämtliche (unselbstständige) Gebäudebestandteile einheitlich anzuwenden.[121] Die Beurteilung, ob ein nicht selbstständig bewertbarer Gebäudebestandteil vorliegt, bestimmt sich nach der Verkehrsauffassung. Um einer gesonderten Bewertung zugänglich zu sein, muss ein Wirtschaftsgut einer gewissen Selbstständigkeit unterliegen, welche bei einer Veräußerung so ins Gewicht fallen würde, dass dafür ihm Rahmen des Gesamtkaufpreises ein besonderes Entgelt angesetzt werden würde. Kann ein Wirtschaftsgut nicht ohne Verletzung seiner Substanz an einen anderen Ort versetzt werden, teilt es das steuerliche Schicksal des Gesamtgebäudes. So wird argumentiert, dass insb ein

[117] Vgl *Kanduth-Kristen* in *Kanduth-Kristen et al* (Hrsg), Jakom EStG[13] (2020) § 8 Rz 37; *Mühlehner* in *Hofstätter/Reichel* (Hrsg), EStG[58] (2015) § 7 Rz 7.

[118] Vgl *Kanduth-Kristen* in *Kanduth-Kristen et al* (Hrsg), Jakom EStG[13] (2020) § 8 Rz 38; *Doralt* in *Doralt et al* (Hrsg), EStG[13] (2009) § 7 Rz 25; *Hirschler/Rohner,* Besondere Bewertungsvorschriften, in *Bertl/Hirschler* (Hrsg), Handbuch der österreichischen Steuerlehre, Band II[3] (2016) 165 und 167.

[119] Vgl *Janschek/Jung* in *Hirschler* (Hrsg), Bilanzrecht I[2] (2019) § 204 Rz 142; *Prodinger,* Nachweis einer abweichenden Nutzungsdauer, SWK 2018 H 6, 310; *oV*, Änderungen der betrieblichen Gebäudeabschreibung, BBi 2016 H 7, 1.

[120] Vgl *Kanduth-Kristen* in *Kanduth-Kristen et al* (Hrsg), Jakom EStG[13] (2020) § 8 Rz 12; *Herzog*, Einkommensteuerliche Änderungen bei den Grundstücken ab 2016, SWK 2016 H 23/24, 1035; *Kovar/Hildebrand,* Die Absetzung für Abnutzung bei Gebäuden, in *Haunold et al* (Hrsg), Immobilienbesteuerung[4] (2016) 198.

[121] Vgl *Urnik/Brandt,* Steuerliche Abschreibungskonzepte für Sachanlagen: Eine wirkungsanalytische und normative Betrachtung uB der Vorschläge im Entwurf zur „Gemeinsamen konsolidierten Körperschaftsteuerbemessungsgrundlage", in *Urnik/Fritz-Schmied* (Hrsg), Jahrbuch Bilanzsteuerrecht 2018 (2018) 90; *Kanduth-Kristen* in *Kanduth-Kristen et al* (Hrsg), Jakom EStG[13] (2020) § 8 Rz 11f; *Janschek/Jung* in *Hirschler* (Hrsg), Bilanzrecht I[2] (2019) § 204 Rz 103.

Gebäude aus vielen Teilen mit unterschiedlichen Lebensdauern besteht, ohne dass diese Tatsache die einzelnen Teile zu selbstständig bewertbaren Wirtschaftsgütern machen würde[122].

Eine gesonderte AfA für einzelne unselbständige Gebäudebestandteile (zB Elektroinstallationen oder sanitäre Anlagen) ist demnach nicht erlaubt. Für selbstständig bewertbare Wirtschaftsgüter (zB Einbaumöbel, Einbauküchen oder eine Baranlage samt Tonanlage) ist die AfA hingegen nach der Rechtsprechung und Auffassung der Finanzverwaltung nach den allgemeinen Bestimmungen von § 7 EStG festzulegen. Solche eigenständigen Wirtschaftsgüter liegen nach der Rechtsprechung dann vor, wenn diesen Gegenständen nach der Verkehrsauffassung wirtschaftlich und objektiv betrachtet eine besonders ins Gewicht fallende Selbständigkeit zukommt.[123]

2.3.2. Sonderformen der Abschreibung im EStG

Als Sonderformen[124] der Abschreibung sieht das EStG die Teilwertabschreibung nach § 6 Z 1 und 2 lit a EStG sowie die AfaA nach § 8 Abs 4 EStG vor. Für Gewinnermittler nach § 5 Abs 1 EStG besteht im Rahmen der Maßgeblichkeit die Verpflichtung zur Übernahme einer außerplanmäßigen Abschreibung in Form einer AfaA bzw einer Teilwertabschreibung, soweit dem keine steuerlichen Regelungen entgegenstehen. Das steuerliche Wahlrecht zur Abwertung auf den niedrigeren Teilwert ist somit für rechnungslegungspflichtige Gewerbetreibende eingeschränkt: Einerseits muss bei einer dauerhaften Wertminderung auf den niedrigeren Teilwert abgewertet werden, andererseits besteht bei einer nicht dauerhaften Wertminderung (abgesehen von Finanzanlagevermögen) ein Abwertungsverbot.[125]

Der Teilwert ist nach § 6 Z 1 EStG jener Wert, den ein Käufer im Rahmen eines Gesamtkaufpreises für einen Betrieb für das einzelne Wirtschaftsgut unter der Annahme des Fortbetriebs ansetzen würde. Dieser entspricht somit dem unternehmensrechtlichen beizulegenden Wert.[126] Bei der

---

[122] Vgl *Wahrlich,* Die einkommensteuerliche Behandlung von Maßnahmen und Abrechnungen nach dem Mietrechtsgesetz im Rahmen der Einkünfte aus Vermietung und Verpachtung, in *Haunold et al* (Hrsg), Immobilienbesteuerung^{4} (2016) 287; EStR 2000, Rz 3166.

[123] Vgl *Winkler* in *Wiesner et al* (Hrsg), EStG^{30} (2019) § 8 Rz 3 und 5; *Kanduth-Kristen* in *Kanduth-Kristen et al* (Hrsg), Jakom EStG^{13} (2020) § 8 Rz 12; *Kanduth-Kristen,* Grundstücksbegriff: Grundstücksbestandteil versus eigenständige Wirtschaftsgüter, immo aktuell 2020 H 1, 21; VwGH 13.11.2019, Ro 2019/13/0033; VwGH 18.9.1964, 1226/63; EStR 2000, Rz 3170f und 3168f.

[124] Auf weitere Sonderformen wie die Absetzung für Substanzverringerung nach § 8 Abs 5 EStG oder die Sofortabschreibung geringwertiger Wirtschaftsgüter nach § 13 EStG wird in dieser Masterarbeit nicht eingegangen.

[125] Vgl *Hirschler/Rohner,* Besondere Bewertungsvorschriften, in *Bertl/Hirschler* (Hrsg), Handbuch der österreichischen Steuerlehre, Band II^{3} (2016) 168.

[126] Vgl *Janschek/Jung* in *Hirschler* (Hrsg), Bilanzrecht I^{2} (2019) § 204 Rz 120; *Papst/Urnik/Urtz* in *Straube/Ratka/Rauter* (Hrsg), UGB. Wiener Kommentar, Band II^{3} (2017) § 204 Rz 27; *Mayr* in *Doralt et al*

Teilwertabschreibung sind wie im UGB Grund und Boden sowie das Gebäude getrennt zu betrachten.[127]

Die AfaA gilt als spezielle Form der Teilwertabschreibung bei abnutzbaren Wirtschaftsgütern und ist insb für jene Gewinnermittler von Relevanz, die nicht zur Vornahme einer Teilwertabschreibung berechtigt sind (Einnahmen-Ausgaben-Rechner nach § 4 Abs 3 EStG).[128]

Einer unternehmensrechtlich vorzunehmenden außerplanmäßigen Abschreibung bei Gebäuden kann im Steuerrecht entweder mit einer Teilwertabschreibung oder einer AfaA gefolgt werden. Während eine Teilwertabschreibung auch durch eine reine Wertminderung (zB Preisverfall) ausgelöst werden kann, kommt eine AfaA nur bei einer Beeinträchtigung der Nutzung des Gebäudes in Betracht. Es muss somit ein außergewöhnlicher Wertverzehr vorliegen, welcher durch technische (zB Beschädigung, Brand oder mangelhafte Instandhaltung) oder wirtschaftliche Abnutzung ausgelöst wird und nicht durch die normale AfA abgebildet wird.[129] Weiters kann eine AfaA nach hA nur dann vorgenommen werden, wenn durch die außergewöhnliche Abnutzung auch eine Verkürzung der voraussichtlichen Nutzungsdauer des Gebäudes bewirkt wird.[130]

Kommt sowohl eine Teilwertabschreibung als auch eine AfaA in Frage, ist systematisch betrachtet vorrangig eine AfaA vorzunehmen, da eine Teilwertabschreibung grundsätzlich erst dann in Betracht kommt, wenn der Teilwert niedriger als die Anschaffungs- oder Herstellungskosten nach Vornahme der AfA gem § 7 EStG und § 8 EStG ist. Aufgrund der Maßgeblichkeit der Unternehmensbilanz ist es jedoch grundsätzlich gleichgültig, ob der geringere Wertansatz steuerlich mit einer Teilwertabschreibung oder einer AfaA begründet wird.[131] Zudem führen Gründe für eine

(Hrsg), EStG[21] (2020) § 6 Rz 168; *Hirschler/Rohner,* Besondere Bewertungsvorschriften, in *Bertl/Hirschler* (Hrsg), Handbuch der österreichischen Steuerlehre, Band II[3] (2016) 168.

[127] Vgl *Laudacher* in *Kanduth-Kristen et al* (Hrsg), Jakom EStG[13] (2020) § 6 Rz 38; *Janschek/Jung* in *Hirschler* (Hrsg), Bilanzrecht I[2] (2019) § 204 Rz 123; *Atzmüller/Wiesner/Zangerl-Reiter* in *Wiesner et al* (Hrsg), EStG[28] (2019) § 6 Rz 38.

[128] Vgl *Hirschler/Rohner,* Besondere Bewertungsvorschriften, in *Bertl/Hirschler* (Hrsg), Handbuch der österreichischen Steuerlehre, Band II[3] (2016) 168f; *Janschek/Jung* in *Hirschler* (Hrsg), Bilanzrecht I[2] (2019) § 204 Rz 117 und 120; *Mayr* in *Doralt et al* (Hrsg), EStG[21] (2020) § 6 Rz 150.

[129] Vgl *Doralt* in *Doralt et al* (Hrsg), EStG[18] (2016) § 8 Rz 53f; *Kanduth-Kristen* in *Kanduth-Kristen et al* (Hrsg), Jakom EStG[13] (2020) § 8 Rz 58.

[130] Vgl *Mühlehner* in *Hofstätter/Reichel* (Hrsg), EStG[58] (2015) § 8 Rz 6; *Kanduth-Kristen* in *Kanduth-Kristen et al* (Hrsg), Jakom EStG[13] (2020) § 8 Rz 58; *Winkler* in *Wiesner et al* (Hrsg), EStG[30] (2019) § 8 Rz 33; *Kanduth-Kristen/Fritz-Schmied,* Wertminderungen von Betriebsgebäuden, SWK 2016 H 26, 1121; dazu kritisch *Doralt* in *Doralt et al* (Hrsg), EStG[18] (2016) § 8 Rz 61.

[131] Vgl *Doralt* in *Doralt et al* (Hrsg), EStG[18] (2016) § 8 Rz 54; *Kanduth-Kristen* in *Kanduth-Kristen et al* (Hrsg), Jakom EStG[13] (2020) § 8 Rz 62.

AfaA regelmäßig auch zu einem niedrigeren Teilwert und rechtfertigen somit gleichermaßen eine Teilwertabschreibung.[132]

Für Gewinnermittler nach § 5 Abs 1 EStG spielt eine Unterscheidung zwischen einer AfaA und einer Teilwertabschreibung seit dem Veranlagungsjahr 2016 keine entscheidende Rolle mehr, da die Verlustausgleichsbeschränkung von § 6 Z 2 lit d EStG sowohl die Teilwertabschreibung als auch die AfaA umfasst. Im Ergebnis ist die AfaA der Teilwertabschreibung somit gleichgestellt. Dies wird von der Literatur zum Teil kritisch betrachtet, da die AfaA eine vorweggenommene AfA darstellt und somit auch wie eine solche zu behandeln sei.[133]

Es sei erwähnt, dass nach der Verwaltungspraxis und einem Teil der Literatur die Vornahme einer Teilwertabschreibung eine laufende AfA im selben Jahr ausschließt. Dadurch würde der gesamte Wertverlust des Gebäudes im Jahr der Teilwertabschreibung von dieser kompensiert und damit der Verlustausgleichsbeschränkung von § 6 Abs 2 lit d EStG unterliegen.[134] Folgt man dieser Auffassung wäre vom Bilanzierenden nach Möglichkeit einer AfaA der Vorzug zu geben, da diese unbestritten erst nach Vornahme der laufenden AfA vorzunehmen ist bzw diese ergänzt und so die Verlustausgleichsbeschränkung auf den Betrag beschränkt ist, der die laufende AfA des Gebäudes übersteigt.[135]

Folgt man jedoch dem konzeptionellen Ansatz der Teilwertabschreibung, wonach diese vom Buchwert nach Vornahme der AfA gem § 7 EStG und § 8 EStG auszugehen hat, beschränkt sich die Teilwertabschreibung auf den Betrag, der die laufende AfA übersteigt. Die Höhe der Teilwertabschreibung ist demnach unter Berücksichtigung des sich nach Vornahme der AfA ergebenden Buchwertes zu ermitteln, wodurch eine einheitliche Behandlung mit der AfaA erreicht werden kann.[136] Diese Vorgehensweise scheint nachvollziehbar, da eine einmalige Verlustausgleichsbeschränkung der laufenden AfA im Jahr der Teilwertabschreibung wohl nicht begründbar ist und

---

[132] Vgl *Kanduth-Kristen/Fritz-Schmied,* Wertminderungen von Betriebsgebäuden, SWK 2016 H 26, 1123.

[133] Vgl *Kanduth-Kristen* in *Kanduth-Kristen et al* (Hrsg), Jakom EStG[13] (2020) § 8 Rz 62.

[134] Vgl *Bertl/Deutsch-Goldoni/Hirschler,* Buchhaltungs- und Bilanzierungshandbuch[11] (2019) 455; *Kanduth-Kristen* in *Kanduth-Kristen et al* (Hrsg), Jakom EStG[13] (2020) § 7 Rz 9; *Mühlehner* in *Hofstätter/Reichel* (Hrsg), EStG[58] (2015) § 7 Rz 2; EStR 2000; Rz 3112.

[135] Vgl *Kanduth-Kristen* in *Kanduth-Kristen et al* (Hrsg), Jakom EStG[13] (2020) § 8 Rz 61; *Doralt* in *Doralt et al* (Hrsg), EStG[18] (2016) § 8 Rz 64/1.

[136] Vgl *Kanduth-Kristen* in *Kanduth-Kristen et al* (Hrsg), Jakom EStG[13] (2020) § 7 Rz 9; *Kanduth-Kristen* in *Kanduth-Kristen et al* (Hrsg), Jakom EStG[13] (2020) § 8 Rz 62; *Winkler* in *Wiesner et al* (Hrsg), EStG[30] (2019) § 7 Rz 15; *Doralt* in *Doralt et al* (Hrsg), EStG[13] (2009) § 7 Rz 58.

zudem auch im UGB eine außerplanmäßige Abschreibung erst nach Vornahme der planmäßigen Abschreibung vorzunehmen ist.

Besteht im Fall einer Wertaufholung nach erfolgter außerplanmäßiger Abschreibung eine Zuschreibungspflicht nach § 208 UGB, schlägt sich diese aufgrund des Maßgeblichkeitsprinzips und der steuerlichen Begleitmaßnahmen des § 6 Z 13 EStG, wonach Zuschreibungen nach Maßgabe der unternehmensrechtlichen GoB bei Anlagegütern auch für den steuerlichen Wertansatz maßgebend sind, auch im Steuerrecht nieder. Somit sind sämtliche Zuschreibungen im UGB auch für den Wertansatz in der Steuerbilanz maßgeblich und erhöhen den steuerlichen Gewinn.[137] Dabei unterliegen die Zuschreibungen von Gebäuden dem besonderen Steuersatz gem § 30a Abs 1 EStG.[138]

Zur Diskussion steht jedoch die steuerliche Behandlung einer Zuschreibung, wenn unternehmensrechtlicher und steuerlicher Wertansatz[139]voneinander abweichen. In der Literatur werden hierzu drei verschiedene Auslegungsvarianten diskutiert, wobei nach überwiegender Meinung eine Gegenüberstellung der unternehmensrechtlichen und steuerlichen Buchwerte zu erfolgen hat. In diesem Fall ist eine steuerwirksame Zuschreibung nur bis zur Höhe des steuerlichen (Rest-)Buchwertes vorzunehmen. Der konkrete steuerliche Zuschreibungsbetrag kann damit vom unternehmensrechtlichen abweichen.[140]

Zusammenfassend lässt sich festhalten, dass in der Folgebewertung von Betriebsgebäuden durchaus Unterschiede zwischen UGB und EStG bestehen können. Diese treten meist aufgrund von abweichenden Abschreibungsausgangswerten, unterschiedlichen Nutzungsdauern oder differenten Abschreibungsmethoden auf. Zudem kann die Berücksichtigung eines Restwertes bzw Schrottwertes bei der Berechnung der Abschreibungsbasis für abweichende jährliche Abschreibungsbeträge sorgen.[141]

---

[137] Vgl *Eberhartinger/Amberger* in *Hirschler* (Hrsg), Bilanzrecht I² (2019) § 208 Rz 5 und 123; *Hirschler/Rohner,* Besondere Bewertungsvorschriften, in *Bertl/Hirschler* (Hrsg), Handbuch der österreichischen Steuerlehre, Band II³ (2016) 169; *Mayr* in *Doralt et al* (Hrsg), EStG²¹ (2020) § 6 Rz 421; *Doralt/Ruppe,* Grundriss des österreichischen Steuerrechts, Band I¹² (2019) Rz 207 und 353.

[138] Vgl *Kanduth-Kristen/Fritz-Schmied,* Wertminderungen von Betriebsgebäuden, SWK 2016 H 26, 1124f.

[139] Unterschiedliche Wertansätze können sich bspw aus unterschiedlichen unternehmensrechtlichen und steuerlichen Nutzungsdauern ergeben. (Vgl *Loser/Urnik/Urtz* in *Straube/Ratka/Rauter* (Hrsg), UGB. Wiener Kommentar, Band II³ (2017) § 208 Rz 19/2; *Eberhartinger/Amberger* in *Hirschler* (Hrsg), Bilanzrecht I² (2019) § 208 Rz 124.)

[140] Vgl *Loser/Urnik/Urtz* in *Straube/Ratka/Rauter* (Hrsg), UGB. Wiener Kommentar, Band II³ (2017) § 208 Rz 19/2; *Eberhartinger/Amberger* in *Hirschler* (Hrsg), Bilanzrecht I² (2019) § 208 Rz 124; *Mayr* in *Doralt et al* (Hrsg), EStG²¹ (2020) § 6 Rz 430; *Fritz-Schmied/Kanduth-Kristen,* Wertaufholung im Unternehmensrecht und Maßgeblichkeit gemäß § 6 Z 13 EStG – Geltung dem Grunde und der Höhe nach, RWZ 2016 H 11, 356.

[141] Vgl *Bertl/Deutsch-Goldoni/Hirschler,* Buchhaltungs- und Bilanzierungshandbuch¹¹ (2019) 441ff.

III. Bilanzielle Konsequenzen baulicher Veränderungen an Betriebsgebäuden

1. Auswirkungen der Baumaßnahmen auf den bilanzierten Gebäudewert

1.1. Herstellungs- und Erhaltungsaufwand im UGB

Werden Baumaßnahmen an bestehenden Betriebsgebäuden getätigt, können diese im UGB entweder als verteilungspflichtiger Herstellungsaufwand oder als sofort aufwandswirksamer Erhaltungsaufwand klassifiziert werden. Die Definition von Herstellungsaufwand findet sich in § 203 Abs 3 UGB, wonach Aufwendungen, die

- der Herstellung eines Vermögensgegenstandes,
- seiner Erweiterung oder
- einer gegenüber seinem ursprünglichen Zustand wesentlichen Verbesserung

dienen, als verteilungspflichtiger Herstellungsaufwand verstanden werden. Die Herstellungskostendefinition umfasst somit nicht nur erstmalige Herstellungsprozesse, sondern auch nachträgliche Herstellungsvorgänge (im Sinne einer Erweiterung oder einer wesentlichen Verbesserung über den ursprünglichen Zustand hinaus), für deren Anwendung ein bereits vorhandener, zumindest ehemals im Unternehmen betriebsbereiter, Vermögensgegenstand vorausgesetzt wird.[142]

Bei all diesen Aufwendungen ist stets auf die Abgrenzung zu den Erhaltungsaufwendungen zu achten. Dienen die baulichen Maßnahmen nur der Wiederherstellung der ursprünglichen Nutzungsmöglichkeiten des Gebäudes und kommt es dabei zu keiner Erweiterung oder wesentlichen Verbesserung, liegt ein nicht aktivierungsfähiger und somit sofort aufwandswirksamer Erhaltungsaufwand vor.[143] Eine inhaltliche Definition von Erhaltungsaufwand ist im UGB nicht vorhanden, dieser ist vielmehr mittels Negativabgrenzung zu den Herstellungsaufwendungen abzuleiten. Dabei können Abgrenzungsschwierigkeiten insb zu den Erweiterungs- und Verbesserungsmaßnahmen des § 203 Abs 3 UGB auftreten.[144]

---

[142] Vgl *Lang* in *Zib/Dellinger* (Hrsg), UGB. Großkommentar, Band III – Teil 1 (2013) § 203 Rz 94; *Fattinger/Patloch-Kofler* in *Bertl/Mandl* (Hrsg), Handbuch zum Rechnungslegungsgesetz[21] (2017) § 203 Abs 1 – 4 Rz 53; *Graschitz/Steller* in *Jabornegg/Artmann* (Hrsg), Unternehmensgesetzbuch. Kommentar, Band 2[2] (2017) § 203 Rz 17; *Bertl,* Die Bilanzierung von Immobilien nach UGB, in *Bertl et al* (Hrsg), Immobilien im Bilanz- und Steuerrecht (2007) 69.

[143] Vgl *Bertl/Deutsch-Goldoni/Hirschler,* Buchhaltungs- und Bilanzierungshandbuch[11] (2019) 222; *Janschek/Jung* in *Hirschler* (Hrsg), Bilanzrecht I[2] (2019) § 203 Rz 79.

[144] Vgl *Fritz-Schmied/Urnik,* Die Abgrenzung von Herstellungs- und Erhaltungsaufwand für (Miet-)Gebäude in unternehmens- und steuerrechtlicher Hinsicht: Status Quo und Überlegungen zur Vereinheitlichung, in *Urnik/Fritz-Schmied* (Hrsg), Jahrbuch Bilanzsteuerrecht 2018 (2018) 64.

1.1.1. Herstellung eines neuen Betriebsgebäudes

Ein Herstellungsvorgang liegt vor, wenn aus einem oder mehreren im Unternehmen vorhandenen Vermögensgegenständen ein neuer, bislang in der nämlichen Form noch nicht existenter Vermögensgegenstand entsteht. Dabei ist auf eine Änderung der Verkehrsgängigkeit (Gebrauchs- oder Verwendungsmöglichkeit) des betroffenen Vermögensgegenstandes abzustellen, welche nach den Kriterien der Gleichartigkeit, Funktionsgleichheit und Gleichwertigkeit auf Basis der Verkehrsauffassung zu beurteilen ist.[145] Voraussetzung für die Annahme eines Herstellungsaufwandes ist, dass die in Bezug auf die Substanz des Gebäudes vorgenommenen Änderungen ein neues Gebäude entstehen lassen. Ist dies nicht der Fall, liegt ein sofort aufwandswirksamer Erhaltungsaufwand vor. Ein solcher wird jedenfalls dann angenommen, wenn bloß einzelne Bestandteile des Gebäudes ausgetauscht werden.[146]

Wird ein gänzlich neues Gebäude vom Unternehmen selbst erschaffen bzw trägt das Unternehmen das Baurisiko, liegt eindeutig ein Herstellungsaufwand vor, da bei diesem Prozess ein neuer Vermögensgegenstand entsteht, welcher vor der Durchführung des Herstellungsvorganges nicht existiert hat.[147]

Betreffen die durchgeführten Baumaßnahmen ein bereits im Betriebsvermögen befindliches Gebäude, knüpft deren Typisierung als Herstellungsaufwand ebenso daran, dass dadurch ein neuer Vermögensgegenstand entsteht und nicht bloß die Erhaltung des bereits bestehenden Objektes bewirkt wird. Dabei lassen sich die an einem bestehenden Gebäude durchgeführten Maßnahmen grundsätzlich in einen reinen Austausch von Bestandteilen und eine substanzielle Veränderung der äußeren oder inneren Erscheinungsform des Gebäudes unterteilen.[148]

---

[145] Vgl *Urnik/Urtz* in *Straube/Ratka/Rauter* (Hrsg), UGB. Wiener Kommentar, Band II^3 (2017) § 203 Rz 68; *Janschek/Jung* in *Hirschler* (Hrsg), Bilanzrecht I^2 (2019) § 203 Rz 73; *Konezny* in *Torggler* (Hrsg), UGB^3 (2019) § 203 Rz 30.

[146] Vgl *Fritz-Schmied/Urnik,* Die Abgrenzung von Herstellungs- und Erhaltungsaufwand für (Miet-)Gebäude in unternehmens- und steuerrechtlicher Hinsicht: Status Quo und Überlegungen zur Vereinheitlichung, in *Urnik/Fritz-Schmied* (Hrsg), Jahrbuch Bilanzsteuerrecht 2018 (2018) 65.

[147] Vgl *Janschek/Jung* in *Hirschler* (Hrsg), Bilanzrecht I^2 (2019) § 203 Rz 73; *Konezny* in *Torggler* (Hrsg), UGB^3 (2019) § 203 Rz 30.

[148] Vgl *Fritz-Schmied/Urnik,* Die Abgrenzung von Herstellungs- und Erhaltungsaufwand für (Miet-)Gebäude in unternehmens- und steuerrechtlicher Hinsicht: Status Quo und Überlegungen zur Vereinheitlichung, in *Urnik/Fritz-Schmied* (Hrsg), Jahrbuch Bilanzsteuerrecht 2018 (2018) 65.

1.1.2. Erweiterung eines bestehenden Betriebsgebäudes

Eine Erweiterung iSd § 203 Abs 3 UGB liegt dann vor, wenn durch die Baumaßnahme ein über die bloße Instandsetzung hinausgehendes zusätzliches Nutzenpotential geschaffen wird.[149] Dies ist dann der Fall, wenn ein bestehendes Gebäude in quantitativer Hinsicht verändert wird und so mittels Schaffung einer vergrößerten Nutzfläche neue räumliche Substanz entsteht. Aber auch das Hinzufügen neuer Funktionen wird als Erweiterung und damit als aktivierungspflichtiger Herstellungsaufwand verstanden.[150]

Als Beispiele für eine Vergrößerung der Nutzungsfläche eines Gebäudes gelten insb ein Anbau, die Aufstockung eines Gebäudes um ein weiteres Geschoß, der Ausbau eines Dachgeschosses zur Schaffung zusätzlichen Raumes[151] oder die Entfernung oder Versetzung von Zwischenwänden,[152] wenn dadurch die nutzbare Fläche vergrößert wird. Beispiele für das Hinzufügen neuer Funktionen sind etwa der erstmalige Einbau einer Alarmanlage,[153] einer Brandschutzanlage[154] oder einer Fahrstuhlanlage.[155]

Entscheidend für eine Beurteilung als Erweiterungsmaßnahme ist, dass bisher nicht vorhandene Bestandteile mit neuer Funktion in das Gebäude eingebaut werden. Das bloße Auswechseln abgenutzter Funktionen stellt hingegen keine Erweiterung dar und ist somit ein sofort abzugsfähiger Erhaltungsaufwand. Grundsätzlich zählen auch geringfügige Erweiterungen zu den Herstellungsaufwendungen, ein Teil der Lehre fordert für die Annahme von Herstellungsaufwand jedoch eine gewisse Wesentlichkeit der Erweiterung[156].

Eine Grenzziehung zwischen einer Erweiterung und einer Erhaltung ist oft problematisch, da die zeitgemäße Ersetzung von Gebäudeteilen meist zwangsläufig eine Funktionserweiterung mit sich bringt. Werden zB alte Heizkörper einer Zentralheizung durch neue mit modernen

---

149 Vgl *Janschek/Jung* in *Hirschler* (Hrsg), Bilanzrecht I² (2019) § 203 Rz 77; *Konezny* in *Torggler* (Hrsg), UGB³ (2019) § 203 Rz 31.

150 Vgl *Fritz-Schmied/Urnik,* Die Abgrenzung von Herstellungs- und Erhaltungsaufwand für (Miet-)Gebäude in unternehmens- und steuerrechtlicher Hinsicht: Status Quo und Überlegungen zur Vereinheitlichung, in *Urnik/Fritz-Schmied* (Hrsg), Jahrbuch Bilanzsteuerrecht 2018 (2018) 66; *Lang* in *Zib/Dellinger* (Hrsg), UGB. Großkommentar, Band III – Teil 1 (2013) § 203 Rz 100.

151 Vgl VwGH 9.6.1980, 55, 186/79; VwGH 12.3.1969, 1741, 1742/68.

152 Vgl BFH 22.1.2003, X R 9/99.

153 Vgl BFH 16.2.1993, IX R 85/88.

154 Vgl VwGH 26.5.2004, 99/14/0261.

155 Vgl *Lang* in *Zib/Dellinger* (Hrsg), UGB. Großkommentar, Band III – Teil 1 (2013) § 203 Rz 99; *Fattinger/Patloch-Kofler* in *Bertl/Mandl* (Hrsg), Handbuch zum Rechnungslegungsgesetz²¹ (2017) § 203 Abs 1 – 4 Rz 104.

156 Vgl *Lang* in *Zib/Dellinger* (Hrsg), UGB. Großkommentar, Band III – Teil 1 (2013) § 203 Rz 99; *Urnik/Urtz* in *Straube/Ratka/Rauter* (Hrsg), UGB. Wiener Kommentar, Band II³ (2017) § 203 Rz 70.

Thermostatventilen ersetzt oder alte Doppelfenster durch neue Fenster mit Kippfunktion ausgetauscht, kommt es zwar zu einer Funktionserweiterung, zur Herbeiführung einer Aktivierung wird diese Funktionserweiterung jedoch nach hM – im Unterschied zur engen Wortauslegung des § 203 Abs 3 UGB – entsprechend deutlich und wesentlich ausfallen müssen.[157]

Geht mit der Durchführung einer Erweiterung ein mit ihr in Zusammenhang stehender Erhaltungsaufwand einher, ist dieser der Erweiterung zuzurechnen und somit aktivierungspflichtig.[158] Wäre der Erhaltungsaufwand hingegen auch ohne die zusätzliche Herstellung erforderlich gewesen und ist eine Trennung eindeutig möglich, ist der Erhaltungsaufwand vom Herstellungsaufwand zu trennen und sofort aufwandswirksam.[159] Werden einzelne Teile zur Erhaltung bzw Wiederherstellung der Funktionstüchtigkeit des Gebäudes eingebaut oder gewartet (zB infolge höherer Gewalt), sind diese jedenfalls den Erhaltungsaufwendungen zuzurechnen.[160]

Aufgrund des Einzelbewertungsgrundsatzes, welcher die einheitliche Bilanzierung einzelner Vermögensgegenstände verlangt, geht das Altgebäude für den Fall einer Erweiterung in dem neu entstandenen Gebäude auf und es entsteht ein neues Gebäude.[161] Schwierigkeiten können sich unter Umständen bei der Abgrenzung zwischen einer Erweiterung und der Schaffung eines neuen Vermögensgegenstandes ergeben. Das Entstehen eines gesonderten Gebäudes ist dabei nach den allgemeinen Voraussetzungen für das Vorliegen eines Vermögensgegenstandes zu prüfen. Eine Unterscheidung ist deshalb von Bedeutung, da bei der Herstellung eines neuen Gebäudes eine eigenständige Bewertung anzustellen ist und somit keine Bindung an den bisherigen Abschreibungsplan besteht.[162]

---

[157] Vgl *Lang* in *Zib/Dellinger* (Hrsg), UGB. Großkommentar, Band III – Teil 1 (2013) § 203 Rz 100f.

[158] Vgl *Urnik/Urtz* in *Straube/Ratka/Rauter* (Hrsg), UGB. Wiener Kommentar, Band II^3 (2017) § 203 Rz 70; *Janschek/Jung* in *Hirschler* (Hrsg), Bilanzrecht I^2 (2019) § 203 Rz 79.

[159] Vgl *Bertl/Deutsch-Goldoni/Hirschler,* Buchhaltungs- und Bilanzierungshandbuch^{11} (2019) 222f; *Bertl,* Die Bilanzierung von Immobilien nach UGB, in *Bertl et al* (Hrsg), Immobilien im Bilanz- und Steuerrecht (2007) 70.

[160] Vgl *Bertl,* Die Bilanzierung von Immobilien nach UGB, in *Bertl et al* (Hrsg), Immobilien im Bilanz- und Steuerrecht (2007) 70; *Fattinger/Patloch-Kofler* in *Bertl/Mandl* (Hrsg), Handbuch zum Rechnungslegungsgesetz^{21} (2017) § 203 Abs 1 – 4 Rz 105.

[161] Vgl *Fritz-Schmied/Urnik,* Die Abgrenzung von Herstellungs- und Erhaltungsaufwand für (Miet-)Gebäude in unternehmens- und steuerrechtlicher Hinsicht: Status Quo und Überlegungen zur Vereinheitlichung, in *Urnik/Fritz-Schmied* (Hrsg), Jahrbuch Bilanzsteuerrecht 2018 (2018) 66.

[162] Vgl *Janschek/Jung* in *Hirschler* (Hrsg), Bilanzrecht I^2 (2019) § 203 Rz 77; *Urnik/Urtz* in *Straube/Ratka/Rauter* (Hrsg), UGB. Wiener Kommentar, Band II^3 (2017) § 203 Rz 70.

1.1.3. Wesentliche Verbesserung eines bestehenden Betriebsgebäudes

Als kompliziert kann sich die Abgrenzung zwischen Herstellungsaufwand und Erhaltungsaufwand dann erweisen, wenn ein Aufwand getätigt wird, der zwar die Substanz des Gebäudes in quantitativer Weise unberührt lässt, jedoch einen Grad an qualitativer Verbesserung erreicht, der ein neues Gebäude entstehen lässt.[163]

Eine wesentliche Verbesserung iSd § 203 Abs 3 UGB liegt vor, wenn ohne Ausweitung der physischen Substanz zusätzliches Nutzenpotential geschaffen wird.[164] Maßnahmen, die eine quantitative oder qualitative Erhöhung der Kapazität, eine Verlängerung der Nutzungsdauer oder eine Änderung der Gebrauchs- oder Verwendungsmöglichkeit des Gebäudes bewirken bzw dessen Funktion ändern, führen grundsätzlich zu einer wesentlichen Verbesserung iSd § 203 Abs 3 UGB und damit zu aktivierungspflichtigem Herstellungsaufwand.[165] Dabei muss die Verbesserung eine wesentliche sein, das Wesen des Vermögensgegenstandes betreffen und über den ursprünglichen Zustand des Vermögensgegenstandes hinausgehen.[166] Als Vergleichsmaßstab gilt somit der Zustand des Gebäudes zum Zeitpunkt der Erstbilanzierung (und nicht der Zustand vor Durchführung der Baumaßnahme) unter Berücksichtigung nachfolgender Substanzverluste als auch Substanzmehrungen.[167] Dies bedeutet im Umkehrschluss, dass Aufwendungen, die lediglich das ursprüngliche Nutzenpotential wiederherstellen, nicht in den Anwendungsbereich von § 203 Abs 3 UGB fallen und somit als Erhaltungsaufwand zu klassifizieren sind.[168]

Eine von § 203 Abs 3 UGB geforderte wesentliche Verbesserung liegt unstrittig dann vor, wenn sich die Erscheinungsform des Gebäudes durch die bauliche Maßnahme dahingehend verändert, als dass dieses eine andere Funktion bzw eine andere Zweckwidmung erhält. Wird zB ein

[163] Vgl *Fritz-Schmied/Urnik,* Die Abgrenzung von Herstellungs- und Erhaltungsaufwand für (Miet-)Gebäude in unternehmens- und steuerrechtlicher Hinsicht: Status Quo und Überlegungen zur Vereinheitlichung, in *Urnik/Fritz-Schmied* (Hrsg), Jahrbuch Bilanzsteuerrecht 2018 (2018) 66.

[164] Vgl *Janschek/Jung* in *Hirschler* (Hrsg), Bilanzrecht I² (2019) § 203 Rz 78; *Urnik/Urtz* in *Straube/Ratka/Rauter* (Hrsg), UGB. Wiener Kommentar, Band II³ (2017) § 203 Rz 71; *Lang* in *Zib/Dellinger* (Hrsg), UGB. Großkommentar, Band III – Teil 1 (2013) § 203 Rz 103; *Bertl/Deutsch-Goldoni/Hirschler,* Buchhaltungs- und Bilanzierungshandbuch¹¹ (2019) 222.

[165] Vgl *Lang* in *Zib/Dellinger* (Hrsg), UGB. Großkommentar, Band III – Teil 1 (2013) § 203 Rz 103; *Lang,* Sind Modernisierungsarbeiten eine „Verbesserung"?, RdW 2012 H 11, 690; *Fattinger/Patloch-Kofler* in *Bertl/Mandl* (Hrsg), Handbuch zum Rechnungslegungsgesetz²¹ (2017) § 203 Abs 1 – 4 Rz 54.

[166] Vgl *Urnik/Urtz* in *Straube/Ratka/Rauter* (Hrsg), UGB. Wiener Kommentar, Band II³ (2017) § 203 Rz 71.

[167] Vgl *Fritz-Schmied/Urnik,* Die Abgrenzung von Herstellungs- und Erhaltungsaufwand für (Miet-)Gebäude in unternehmens- und steuerrechtlicher Hinsicht: Status Quo und Überlegungen zur Vereinheitlichung, in *Urnik/Fritz-Schmied* (Hrsg), Jahrbuch Bilanzsteuerrecht 2018 (2018) 66; *Fritz-Schmied/Kanduth-Kristen* in *Kanduth-Kristen/Fritz-Schmied* (Hrsg), Bilanzposten-Kommentar (2017) AP A.II.1. Rz 29.

[168] Vgl *Janschek/Jung* in *Hirschler* (Hrsg), Bilanzrecht I² (2019) § 203 Rz 78; *Urnik/Urtz* in *Straube/Ratka/Rauter* (Hrsg), UGB. Wiener Kommentar, Band II³ (2017) § 203 Rz 71.

Bürogebäude durch die Entfernung von Zwischenwänden und -decken zu einem gemischt genutzten Büro- und Produktionsstandort umgebaut, stellen die für den Umbau angefallen Aufwendungen aufgrund der Funktionsänderung[169] des Gebäudes aktivierungspflichtige (nachträgliche) Herstellungsaufwendungen dar. Dasselbe gilt, wenn sich das Gebäude im Vergleichszeitpunkt in einem unbenützbaren Zustand befunden hat und die gewünschte Verwendungsart (zB Vermietung oder Verwendung als Verkaufsraum) des Objektes erst nach Durchführung der Verbesserungsmaßnahmen möglich ist. In diesem Fall wird das Vermietungsobjekt bzw der Verkaufsraum durch die Verbesserungsmaßnahmen überhaupt erst geschaffen, sodass die Annahme eines Herstellungsvorganges und somit eine Bewertung zu Herstellungskosten nachvollziehbar erscheint.[170] Werden Bestandteile eines Objektes, dessen Nutzenvorrat bereits aufgebraucht ist, zur Herstellung eines neuen Gebäudes verwendet, handelt es sich nicht um eine wesentliche Verbesserung, sondern um eine Neuherstellung, die nicht an den bisherigen Abschreibungsplan gebunden ist.[171]

Folgt man der Auffassung, dass die Annahme von Herstellungsaufwand im Rahmen einer wesentlichen Verbesserung an eine geänderte Funktion bzw Zweckbestimmung des Gebäudes geknüpft ist, erfährt dieser eine enge Begriffsdefinition. Dies deshalb, da demnach sämtliche Verbesserungsmaßnahmen, die weder eine Änderung der Funktion noch eine Änderung der Zweckwidmung auslösen, stets dem sofort aufwandswirksamen Erhaltungsaufwand zuzurechnen sind.[172]

Die von der Lehre vertretene weiter gefasste Definition von Herstellungsaufwand vertritt demgegenüber die Ansicht, dass die erforderliche wesentliche Verbesserung nicht zwingend auch eine Funktions- bzw Zweckänderung nach sich ziehen muss. Eine wesentliche Verbesserung gegenüber dem Zustand der Erstbilanzierung kann vielmehr auch durch Maßnahmen ausgelöst werden, die eine deutliche Qualitätssteigerung[173] bewirken, welche über die im Rahmen laufender Modernisierungs- und Reparaturarbeiten entstehenden Produktivitäts- bzw Qualitätssteigerungen hinausgehen. Dies würde sich bspw bei einem Mietobjekt in einer Steigerung des Ertragswertes

---

[169] Vgl *Janschek/Jung* in *Hirschler* (Hrsg), Bilanzrecht I² (2019) § 203 Rz 78; *Fattinger/Patloch-Kofler* in *Bertl/Mandl* (Hrsg), Handbuch zum Rechnungslegungsgesetz²¹ (2017) § 203 Abs 1 – 4 Rz 104.

[170] Vgl *Fritz-Schmied/Urnik,* Die Abgrenzung von Herstellungs- und Erhaltungsaufwand für (Miet-)Gebäude in unternehmens- und steuerrechtlicher Hinsicht: Status Quo und Überlegungen zur Vereinheitlichung, in *Urnik/Fritz-Schmied* (Hrsg), Jahrbuch Bilanzsteuerrecht 2018 (2018) 66.

[171] Vgl *Urnik/Urtz* in *Straube/Ratka/Rauter* (Hrsg), UGB. Wiener Kommentar, Band II³ (2017) § 203 Rz 71; *Fritz-Schmied/Kanduth-Kristen* in *Kanduth-Kristen/Fritz-Schmied* (Hrsg), Bilanzposten-Kommentar (2017) AP A.II.1. Rz 29.

[172] Vgl *Fritz-Schmied/Urnik,* Die Abgrenzung von Herstellungs- und Erhaltungsaufwand für (Miet-)Gebäude in unternehmens- und steuerrechtlicher Hinsicht: Status Quo und Überlegungen zur Vereinheitlichung, in *Urnik/Fritz-Schmied* (Hrsg), Jahrbuch Bilanzsteuerrecht 2018 (2018) 66.

[173] Vgl *Janschek/Jung* in *Hirschler* (Hrsg), Bilanzrecht I² (2019) § 203 Rz 78.

widerspiegeln, wenn durch die Vornahme einer Baumaßnahme (trotz gleichbleibender Vermietungsfläche) deutlich höhere Mieten verrechnet werden können.[174]

Als Schwierigkeit kann sich hierbei die von § 203 Abs 3 UGB geforderte Wesentlichkeit der Verbesserung herausstellen. Nach der hM soll der Maßstab der Wesentlichkeit nicht überzogen festgesetzt werden, da bei der Beurteilung der Verbesserungsmaßnahme zum einen ein Vergleich zum Zeitpunkt der Erstbilanzierung anzustellen ist und zum anderen Gebäude als abnutzbare Vermögensgegenstände idR einer steten Wertminderung unterliegen. Dementsprechend geht die hM davon aus, dass eine Erhöhung des Ertragswertes gegenüber dem Erstbilanzierungszeitpunkt von mehr als 25 % einer wesentlichen Verbesserung gleichkommt und somit Herstellungsaufwand angenommen werden kann.[175] Gleichzeitig wird von der Lehre eingeräumt, dass es hierbei einzelfallbasierter Entscheidungen unter Berücksichtigung der Gesamtverhältnisse bedarf.[176]

Zudem sei einer weiten Definition von Herstellungsaufwand grundsätzlich kritisch gegenüberzustehen, da bei dieser das Erfordernis eines neu geschaffenen Vermögensgenstandes für die Annahme von Herstellungsaufwand wegfällt. So ist nicht an sich davon auszugehen, dass durch bloße Wertsteigerungsmaßnahmen an einem bestehenden Objekt ein neuer Vermögensgenstand entsteht, da in diesem Fall die Herstellungskosten in ihrer Verwendung als Wertmaßstab der Zugangsbewertung inhaltlich erweitert werden würden. Hinsichtlich der zunehmenden Internationalisierung des UGB und der Aktivierungspolitik in den IFRS kann dieser erweiterten Definition laut einem Teil der Lehre jedoch einiges abgewonnen werden.[177]

1.1.4. Erhaltung eines bestehenden Betriebsgebäudes

Sämtliche Baumaßnahmen, welche die oben erläuterten Voraussetzungen einer (Neu-)Herstellung, Erweiterung oder wesentlichen Verbesserung nicht erfüllen, fallen schließlich in den

[174] Vgl *Fritz-Schmied/Urnik,* Die Abgrenzung von Herstellungs- und Erhaltungsaufwand für (Miet-)Gebäude in unternehmens- und steuerrechtlicher Hinsicht: Status Quo und Überlegungen zur Vereinheitlichung, in *Urnik/Fritz-Schmied* (Hrsg), Jahrbuch Bilanzsteuerrecht 2018 (2018) 67; *Lang,* Sind Modernisierungsarbeiten eine „Verbesserung"?, RdW 2012 H 11, 691; *Urnik/Urtz* in *Straube/Ratka/Rauter* (Hrsg), UGB. Wiener Kommentar, Band II^3 (2017) § 203 Rz 71; *Janschek/Jung* in *Hirschler* (Hrsg), Bilanzrecht I^2 (2019) § 203 Rz 78.

[175] Vgl *Fritz-Schmied/Urnik,* Die Abgrenzung von Herstellungs- und Erhaltungsaufwand für (Miet-)Gebäude in unternehmens- und steuerrechtlicher Hinsicht: Status Quo und Überlegungen zur Vereinheitlichung, in *Urnik/Fritz-Schmied* (Hrsg), Jahrbuch Bilanzsteuerrecht 2018 (2018) 66f.

[176] Vgl *Lang* in *Zib/Dellinger* (Hrsg), UGB. Großkommentar, Band III – Teil 1 (2013) § 203 Rz 103; *Lang,* Sind Modernisierungsarbeiten eine „Verbesserung"?, RdW 2012 H 11, 691.

[177] Vgl *Fritz-Schmied/Urnik,* Die Abgrenzung von Herstellungs- und Erhaltungsaufwand für (Miet-)Gebäude in unternehmens- und steuerrechtlicher Hinsicht: Status Quo und Überlegungen zur Vereinheitlichung, in *Urnik/Fritz-Schmied* (Hrsg), Jahrbuch Bilanzsteuerrecht 2018 (2018) 66f.

Anwendungsbereich der nicht aktivierungsfähigen und damit sofort aufwandswirksamen Erhaltungsaufwendungen.[178]

Erhaltungsaufwand dient grundsätzlich dazu, ein Wirtschaftsgut in einem ordnungsmäßigen Zustand zu erhalten bzw zu versetzen und seine funktionsgleiche Nutzungsmöglichkeit zu sichern.[179] Dazu zählen auch jene Maßnahmen, die nur dem Erhalt des Ertragswertes dienen und nicht zu einer wesentlichen Verbesserung führen.[180] Da jede Erhaltungsmaßnahme an einem Gebäude notwendigerweise auch einen gewissen Grad an Verbesserung mit sich bringt (zumindest gegenüber dem Zustand vor der Erhaltungsmaßnahme), ist die Abgrenzung der Erhaltungsaufwendungen insb zur wesentlichen Verbesserung nach § 203 Abs 3 UGB oftmals kompliziert. Entscheidendes Kriterium zur Abgrenzung ist hierbei wiederum, ob die Verbesserung wesentlich ist und über den ursprünglichen Gebäudezustand hinausgeht.[181]

Werden an einem Gebäude Modernisierungsmaßnahmen durchgeführt, zählen diese grundsätzlich ebenso zu den Erhaltungsaufwendungen, selbst wenn dabei höherwertige Materialien oder eine modernere Ausstattung gewählt werden.[182] War das Gebäude zum Zeitpunkt der Erstbilanzierung modern und fortschrittlich, haben sich aber Materialien, Baustil etc über die Jahre geändert, so wird der ursprünglich moderne und fortschrittliche Zustand durch die Baumaßnahme lediglich wiederhergestellt.[183] In der Rechtsprechung wurden als sofort abzugsfähige Modernisierungsmaßnahmen unter anderem der Ersatz einer Gasbeleuchtung durch elektrisches Licht,[184] der Ersatz von Kohleöfen durch eine Zentralheizung[185] oder der Austausch von Schaufensterscheiben durch Isolierglas[186] anerkannt.

---

[178] Vgl *Janschek/Jung* in *Hirschler* (Hrsg), Bilanzrecht I² (2019) § 203 Rz 79; *Urnik/Urtz* in *Straube/Ratka/Rauter* (Hrsg), UGB. Wiener Kommentar, Band II³ (2017) § 203 Rz 71; *Fattinger/Patloch-Kofler* in *Bertl/Mandl* (Hrsg), Handbuch zum Rechnungslegungsgesetz²¹ (2017) § 203 Abs 1 – 4 Rz 55.

[179] Vgl *Fattinger/Patloch-Kofler* in *Bertl/Mandl* (Hrsg), Handbuch zum Rechnungslegungsgesetz²¹ (2017) § 203 Abs 1 – 4 Rz 105.

[180] Vgl *Fritz-Schmied/Urnik,* Die Abgrenzung von Herstellungs- und Erhaltungsaufwand für (Miet-)Gebäude in unternehmens- und steuerrechtlicher Hinsicht: Status Quo und Überlegungen zur Vereinheitlichung, in *Urnik/Fritz-Schmied* (Hrsg), Jahrbuch Bilanzsteuerrecht 2018 (2018) 68.

[181] Vgl *Lang* in *Zib/Dellinger* (Hrsg), UGB. Großkommentar, Band III – Teil 1 (2013) § 203 Rz 104.

[182] Vgl *Fritz-Schmied/Kanduth-Kristen* in *Kanduth-Kristen/Fritz-Schmied* (Hrsg), Bilanzposten-Kommentar (2017) AP A.II.1. Rz 29; *Bertl/Deutsch-Goldoni/Hirschler,* Buchhaltungs- und Bilanzierungshandbuch¹¹ (2019) 441ff.

[183] Vgl *Lang,* Sind Modernisierungsarbeiten eine „Verbesserung"?, RdW 2012 H 11, 691.

[184] Vgl RFH 28.9.1927, VI A 278/27, RStBl 1927, 230.

[185] Vgl BFH 24.7.1979, VIII R 162/78, BStBl 1980 II 7.

[186] Vgl UFS 25.4.2008, RV/0213-F/06.

Zusammenfassend lässt sich zu den Modernisierungsmaßnahmen festhalten, dass solange die Baumaßnahmen nur dem Erhalt des Ertragswertes[187] dienen sowie die bisherigen Funktionen der Gebäudebestandteile noch in vergleichbarer Weise erfüllt und bloß den Zeitumständen angepasst werden, ein rein substanzerhaltender Erhaltungsaufwand vorliegt.[188]

1.2. Herstellungs- und Erhaltungsaufwand im EStG: Unterschiede zum UGB

1.2.1. Abgrenzung zum unternehmensrechtlichen Herstellungsaufwand

Der Begriff Herstellungsaufwand ist im EStG nicht eigens definiert, womit die unternehmensrechtliche Definition von Herstellungsaufwand aufgrund des Maßgeblichkeitsprinzips grundsätzlich auch für steuerliche Zwecke gilt.[189] Während nach deutscher Rechtsprechung des BFH die handelsrechtliche Begriffsbestimmung von Herstellungsaufwand auf das Steuerrecht übertragbar ist, existieren im österreichischen EStG gewisse Einschränkungen.[190]

In § 4 Abs 7 EStG (sowie in § 28 Abs 2 EStG für den außerbetrieblichen Bereich) erfährt der steuerliche Herstellungsaufwand eine Negativabgrenzung zu den Instandsetzungsaufwendungen. Diese Instandsetzungsaufwendungen stellen gemeinsam mit den Instandhaltungsaufwendungen den grundsätzlich sofort aufwandswirksamen steuerlichen Erhaltungsaufwand dar.[191]

Instandsetzungsaufwand, welcher nur für den Fall einer entgeltlichen Vermietung von Wohngebäuden an fremde Dritte bedeutsam ist, wird als jener Aufwand definiert, der allein oder gemeinsam mit Herstellungsaufwand

- den Nutzungswert eines Gebäudes wesentlich erhöht oder

[187] Vgl *Fritz-Schmied/Urnik,* Die Abgrenzung von Herstellungs- und Erhaltungsaufwand für (Miet-)Gebäude in unternehmens- und steuerrechtlicher Hinsicht: Status Quo und Überlegungen zur Vereinheitlichung, in *Urnik/Fritz-Schmied* (Hrsg), Jahrbuch Bilanzsteuerrecht 2018 (2018) 68.

[188] Vgl *Lang,* Sind Modernisierungsarbeiten eine „Verbesserung"?, RdW 2012 H 11, 691.

[189] Vgl *Fritz-Schmied/Urnik,* Die Abgrenzung von Herstellungs- und Erhaltungsaufwand für (Miet-)Gebäude in unternehmens- und steuerrechtlicher Hinsicht: Status Quo und Überlegungen zur Vereinheitlichung, in *Urnik/Fritz-Schmied* (Hrsg), Jahrbuch Bilanzsteuerrecht 2018 (2018) 72; *Fritz-Schmied,* Die Abgrenzung der Anschaffungs- und Herstellungskosten von den Erhaltungsaufwendungen, in *Urnik/Fritz-Schmied* (Hrsg), Jahrbuch Bilanzsteuerrecht 2009 (2009) 108.

[190] Vgl *Mayr* in *Doralt et al* (Hrsg), EStG[21] (2020) § 6 Rz 126.

[191] Vgl *Fritz-Schmied/Urnik,* Die Abgrenzung von Herstellungs- und Erhaltungsaufwand für (Miet-)Gebäude in unternehmens- und steuerrechtlicher Hinsicht: Status Quo und Überlegungen zur Vereinheitlichung, in *Urnik/Fritz-Schmied* (Hrsg), Jahrbuch Bilanzsteuerrecht 2018 (2018) 73; *Fritz-Schmied,* Die Abgrenzung der Anschaffungs- und Herstellungskosten von den Erhaltungsaufwendungen, in *Urnik/Fritz-Schmied* (Hrsg), Jahrbuch Bilanzsteuerrecht 2009 (2009) 108; *Lang,* Herstellungsaufwand, RdW 2010 H 2, 106; EStR 2000, Rz 6451.

- dessen Nutzungsdauer wesentlich verlängert.[192]

Da Baumaßnahmen, die den Nutzungswert bzw die Nutzungsdauer des Gebäudes wesentlich erhöhen, somit grundsätzlich dem Instandsetzungsaufwand zuzurechnen sind, kann das Vorliegen eines steuerlichen Herstellungsaufwandes nicht alleine aufgrund der Tatsache angenommen werden, dass die an einem bestehenden Objekt vorgenommenen Baumaßnahmen eine wesentliche Erhöhung des Nutzungswertes des Gebäudes bewirken.[193]

Scheidet somit die Begründung von steuerlichem Herstellungsaufwand mit einer (wenn auch wesentlichen) Erhöhung des Nutzungswertes des betroffenen Gebäudes aus, kann der Herstellungsaufwand konsequenterweise erst dort ansetzen, wo der Instandsetzungsaufwand bzw der steuerliche Erhaltungsaufwand endet. Dies ist dort der Fall, wo die Baumaßnahmen ein solches Ausmaß annehmen, als durch sie etwas Neues geschaffen wird. Insofern wird für die Annahme von Herstellungsaufwand der Fokus vom Schrifttum in Übereinstimmung mit der Rechtsprechung und der Verwaltungspraxis auf eine erfolgte Wesensänderung des betreffenden Objektes gelegt. Bei der Interpretation einer eingetretenen „Änderung der Wesensart" stellt der VwGH maßgeblich auf die „Änderung der Gestalt" und die „Änderung der Funktion bzw der Zweckbestimmung" ab.[194]

So knüpft der VwGH bei der Beurteilung grundsätzlich an die unternehmensrechtlichen Bestimmungen des § 203 Abs 3 UGB an, leitet aus § 4 Abs 7 EStG jedoch ab, dass Aufwendungen auf ein Wirtschaftsgut nicht deshalb zu den Herstellungskosten gehören, weil sie dessen Nutzungswert oder Nutzungsdauer wesentlich erhöhen. Somit liegt im Steuerrecht so lange kein

---

[192] Vgl *Fattinger/Patloch-Kofler* in *Bertl/Mandl* (Hrsg), Handbuch zum Rechnungslegungsgesetz[21] (2017) § 203 Abs 1 – 4 Rz 106; *Marschner* in *Kanduth-Kristen et al* (Hrsg), Jakom EStG[13] (2020) § 4 Rz 372; *Fritz-Schmied/Urnik,* Die Abgrenzung von Herstellungs- und Erhaltungsaufwand für (Miet-)Gebäude in unternehmens- und steuerrechtlicher Hinsicht: Status Quo und Überlegungen zur Vereinheitlichung, in *Urnik/Fritz-Schmied* (Hrsg), Jahrbuch Bilanzsteuerrecht 2018 (2018) 72.

[193] Vgl *Renner,* Abgrenzung zwischen Herstellungs- und Erhaltungsmaßnahmen, UFS Journal 2012 H 4, 137; *Fritz-Schmied/Urnik,* Die Abgrenzung von Herstellungs- und Erhaltungsaufwand für (Miet-)Gebäude in unternehmens- und steuerrechtlicher Hinsicht: Status Quo und Überlegungen zur Vereinheitlichung, in *Urnik/Fritz-Schmied* (Hrsg), Jahrbuch Bilanzsteuerrecht 2018 (2018) 73.

[194] Vgl *Fritz-Schmied/Urnik,* Die Abgrenzung von Herstellungs- und Erhaltungsaufwand für (Miet-)Gebäude in unternehmens- und steuerrechtlicher Hinsicht: Status Quo und Überlegungen zur Vereinheitlichung, in *Urnik/Fritz-Schmied* (Hrsg), Jahrbuch Bilanzsteuerrecht 2018 (2018) 73f; *Urnik/Kandler,* Die steuerliche Behandlung von Wertminderungen bei Grundstücken nach dem StRefG 2015/2016: systematische Betrachtung, Problembereiche und verbleibende Spielräume, in *Urnik/Fritz-Schmied* (Hrsg), Jahrbuch Bilanzsteuerrecht 2016 (2016) 50; *Mayr* in *Doralt et al* (Hrsg), EStG[21] (2020) § 6 Rz 125f; *Laudacher* in *Kanduth-Kristen et al* (Hrsg), Jakom EStG[13] (2020) § 6 Rz 33; *Zorn* in *Hofstätter/Reichel* (Hrsg), EStG[53] (2012) § 6 Rz 18.

Herstellungsaufwand und damit Erhaltungsaufwand vor, als dass durch die Baumaßnahme die Wesensart des Gebäudes beibehalten wird.[195]

Der für die Annahme von Herstellungsaufwand zentrale Begriff „Wesensart“ ist allerdings weder in den gesetzlichen Bestimmungen des EStG noch in der Judikatur explizit definiert. Lediglich in den EStR 2000[196] ist in einer umfassenden Sammlung von Beispielen nachzulesen, was als Herstellungsaufwand zu qualifizieren ist und wann eine Änderung der Wesensart bei einem Gebäude stattgefunden hat. Daraus lässt sich jedoch keine einheitliche Abgrenzungssystematik zwischen dem steuerlichen Herstellungs- und Erhaltungsaufwand ableiten. Konkludierend lässt sich folgendes Abgrenzungsschema feststellen: Eine Änderung der Wesensart (und damit Herstellungsaufwand) liegt vor, wenn eine bauliche Maßnahme getätigt wird, durch die das Gebäude in seiner Substanz erweitert bzw verändert wird oder sich die Funktion bzw Zweckbestimmung des Gebäudes verändert.[197]

In Betrachtung des zeitlichen Horizonts einer eingetretenen wesentlichen Verbesserung geht ein Teil vom Schrifttum von einer grundsätzlichen Übereinstimmung von unternehmensrechtlichem und steuerlichem Herstellungsaufwand aus. Dies wird damit begründet, dass die wesentliche Erhöhung des Nutzungswertes im Fall eines steuerlichen Erhaltungs- bzw Instandsetzungsaufwandes gegenüber dem Zustand des Objektes unmittelbar vor Durchführung der Maßnahme zu beurteilen ist und diese dabei lediglich der Ausschöpfung des ursprünglich vorhandenen Nutzenpotentials dient. Demgegenüber ist für die unternehmensrechtliche Beurteilung einer Herstellungsaufwand auslösenden wesentlichen Verbesserung ein Vergleich mit dem Zustand zum Zugangszeitpunkt des Objektes anzustellen. Dem Instandsetzungsaufwand wird nach dieser Ansicht bloß eine Abgrenzungsfunktion zum Instandhaltungsaufwand beigemessen.[198]

---

[195] Vgl *Mayr* in *Doralt et al* (Hrsg), EStG[21] (2020) § 6 Rz 126; *Laudacher* in *Kanduth-Kristen et al* (Hrsg), Jakom EStG[13] (2020) § 6 Rz 30; *Atzmüller/Wiesner/Zangerl-Reiter* in *Wiesner et al* (Hrsg), EStG[28] (2019) § 6 Rz 32; VwGH 24.9.2007, 2006/15/0333.

[196] Vgl EStR 2000, Rz 3175, 3462a, 3520 und 6476.

[197] Vgl *Urnik/Kandler,* Die steuerliche Behandlung von Wertminderungen bei Grundstücken nach dem StRefG 2015/2016: systematische Betrachtung, Problembereiche und verbleibende Spielräume, in *Urnik/Fritz-Schmied* (Hrsg), Jahrbuch Bilanzsteuerrecht 2016 (2016) 50ff; *Fellinger/Steinhauser,* Die Änderungen in der Zugangs- und Folgebewertung bei Einkünften aus Vermietung und Verpachtung gem § 28 EStG – systematische Aufarbeitung und kritische Analyse, in *Urnik/Fritz-Schmied* (Hrsg), Jahrbuch Bilanzsteuerrecht 2014 (2014) 116; *Zimprich,* Funktionsänderung eines Gebäudes stellt Herstellungsvorgang dar, SWK 2018 H 20/21, 915f.

[198] Vgl *Fritz-Schmied/Urnik,* Die Abgrenzung von Herstellungs- und Erhaltungsaufwand für (Miet-)Gebäude in unternehmens- und steuerrechtlicher Hinsicht: Status Quo und Überlegungen zur Vereinheitlichung, in *Urnik/Fritz-Schmied* (Hrsg), Jahrbuch Bilanzsteuerrecht 2018 (2018) 73f; für eine Übereinstimmung *Lang* in *Zib/Dellinger* (Hrsg), UGB. Großkommentar, Band III – Teil 1 (2013) § 203 Rz 111; *Lang,* Herstellungsaufwand, RdW 2010

Betrachtet man den steuerlichen Herstellungsaufwand hingegen losgelöst von seiner unternehmensrechtlichen Definition und leitet man diesen mithilfe einer Negativabgrenzung zu den Instandsetzungsaufwendungen ab, setzt dieser eine durch die Baumaßnahme hervorgerufene Wesensänderung des Gebäudes voraus. Rein nutzungswertsteigernde Maßnahmen begründen dabei unabhängig vom Vergleichszeitpunkt stets einen Erhaltungsaufwand. Charakteristisches Merkmal für die steuerliche Definition von Herstellungsaufwand ist demnach die Wesensänderung.[199]

1.2.2. Steuerlicher Herstellungsaufwand bei Betriebsgebäuden

Die Herstellung eines neuen Gebäudes sowie die quantitative Erweiterung in Form eines Zu-, Aus- oder Umbaus verleihen dem Herstellungsvorgang übereinstimmend mit den unternehmensrechtlichen Regelungen eine eindeutige Kontur, da dabei ein bislang nicht existentes, neues Wirtschaftsgut geschaffen wird. Die nach der Verkehrsauffassung zu beurteilende Neuheit, welche auf das Wesen, die Funktion bzw Zweckbestimmung des Gebäudes abzielt, ist hierbei eindeutig gegeben. Während bei der Neuerrichtung überhaupt erst ein neues Gebäude geschaffen wird, liegt bei der Erweiterung die Schaffung von etwas Neuem in der Substanzmehrung. Das Gebäude kann nach den Erweiterungsmaßnahmen für neue Zwecke verwendet werden, wodurch dessen Wesensänderung implizit bestätigt wird.[200]

Nach der Judikatur des VwGH liegt eine Änderung der Wesensart auch dann vor, wenn es zu einer bloßen „Veränderung an der Bausubtanz" kommt. Demnach tritt steuerlich eine Änderung der Wesensart ein, sofern eine Baumaßnahme getätigt wird, durch die das Gebäude eine Erweiterung oder Veränderung in dessen Substanz erfährt.[201]

H 2, 107; *Beiser,* Wirtschaftsgut und Nutzenpotenzial markieren die Grenzlinie zwischen Erhaltung und Herstellung, ÖStZ 2009 H 1/2, 5f; *Janschek/Jung* in *Hirschler* (Hrsg), Bilanzrecht I² (2019) § 203 Rz 254.

199 Vgl *Fritz-Schmied,* Die Abgrenzung der Anschaffungs- und Herstellungskosten von den Erhaltungsaufwendungen, in *Urnik/Fritz-Schmied* (Hrsg), Jahrbuch Bilanzsteuerrecht 2009 (2009) 111; *Fellinger/Steinhauser,* Die Änderungen in der Zugangs- und Folgebewertung bei Einkünften aus Vermietung und Verpachtung gem § 28 EStG – systematische Aufarbeitung und kritische Analyse, in *Urnik/Fritz-Schmied* (Hrsg), Jahrbuch Bilanzsteuerrecht 2014 (2014) 116.

200 Vgl *Fritz-Schmied,* Die Abgrenzung der Anschaffungs- und Herstellungskosten von den Erhaltungsaufwendungen, in *Urnik/Fritz-Schmied* (Hrsg), Jahrbuch Bilanzsteuerrecht 2009 (2009) 108 und 111; VwGH 16.3.1962, 0241/59; VwGH 17.5.2006, 2004/14/0080.

201 Vgl *Urnik/Kandler,* Die steuerliche Behandlung von Wertminderungen bei Grundstücken nach dem StRefG 2015/2016: systematische Betrachtung, Problembereiche und verbleibende Spielräume, in *Urnik/Fritz-Schmied* (Hrsg), Jahrbuch Bilanzsteuerrecht 2016 (2016) 51; *Fritz-Schmied/Urnik,* Die Abgrenzung von Herstellungs- und Erhaltungsaufwand für (Miet-)Gebäude in unternehmens- und steuerrechtlicher Hinsicht: Status Quo und Überlegungen zur Vereinheitlichung, in *Urnik/Fritz-Schmied* (Hrsg), Jahrbuch Bilanzsteuerrecht 2018 (2018) 75.

Komplizierter als die Erweiterung eines Gebäudes kann sich die Beurteilung solcher Baumaßnahmen gestalten, die zu einer qualitativen Verbesserung gegenüber dem ursprünglichen Zustand des Gebäudes beitragen. Die in § 203 Abs 3 UGB angeführten wesentlichen Verbesserungsmaßnahmen führen in steuerlicher Betrachtung erst dann zu einem Herstellungsvorgang, wenn die getätigten Aufwendungen „zu mehr" als einer wesentlichen Erhöhung des Nutzungswertes bzw Verlängerung der Nutzungsdauer führen. Die steuerliche Typisierung von Herstellungsaufwand knüpft somit auch bei einer wesentlichen Verbesserung an die Wesensänderung des Gebäudes.[202]

Wird bei der Beurteilung von Herstellungsaufwand für steuerliche Zwecke im Vergleich zum Unternehmensrecht an einer notwendigen Wesensänderung des Gebäudes festgehalten, müssen die vorgenommen Baumaßnahmen demzufolge zumindest mit einer teilweisen Nutzungs- bzw Funktionsänderung[203] des Gebäudes einhergehen und somit zu einer im Steuerrecht maßgeblichen Wesensänderung beitragen. Dies trifft bspw dann zu, wenn ein vermietetes Gebäude vor den Verbesserungsmaßnahmen nicht für eine Vermietungstätigkeit genutzt worden ist und erst nach erfolgter Baumaßnahme eine entsprechende Verwendung findet.[204]

Durch die im Steuerrecht erforderliche Änderung der Wesensart des Gebäudes erfährt die für unternehmensrechtlichen Herstellungsaufwand charakteristische wesentliche Verbesserung eine erhebliche Einschränkung. Während im UGB auch die bloße Ertragswertsteigerung einen Herstellungsaufwand auslösen kann, ist eine solche im Steuerrecht dem Erhaltungsaufwand zuzurechnen.[205]

Zur Veranschaulichung werden im Folgenden einige Beispiele aus der Judikatur bzw der Finanzverwaltung für Herstellungsaufwand dargestellt. Als Herstellungsaufwand gilt demnach:[206]

---

[202] Vgl *Fritz-Schmied,* Die Abgrenzung der Anschaffungs- und Herstellungskosten von den Erhaltungsaufwendungen, in *Urnik/Fritz-Schmied* (Hrsg), Jahrbuch Bilanzsteuerrecht 2009 (2009) 111; *Laudacher* in *Kanduth-Kristen et al* (Hrsg), Jakom EStG[13] (2020) § 6 Rz 33; *Atzmüller/Wiesner/Zangerl-Reiter* in *Wiesner et al* (Hrsg), EStG[28] (2019) § 6 Rz 33.

[203] Vgl *Zimprich,* Funktionsänderung eines Gebäudes stellt Herstellungsvorgang dar, SWK 2018 H 20/21, 915f.

[204] Vgl *Mayr* in *Doralt et al* (Hrsg), EStG[21] (2020) § 6 Rz 126; *Fritz-Schmied/Urnik,* Die Abgrenzung von Herstellungs- und Erhaltungsaufwand für (Miet-)Gebäude in unternehmens- und steuerrechtlicher Hinsicht: Status Quo und Überlegungen zur Vereinheitlichung, in *Urnik/Fritz-Schmied* (Hrsg), Jahrbuch Bilanzsteuerrecht 2018 (2018) 75.

[205] Vgl *Fritz-Schmied/Urnik,* Die Abgrenzung von Herstellungs- und Erhaltungsaufwand für (Miet-)Gebäude in unternehmens- und steuerrechtlicher Hinsicht: Status Quo und Überlegungen zur Vereinheitlichung, in *Urnik/Fritz-Schmied* (Hrsg), Jahrbuch Bilanzsteuerrecht 2018 (2018) 76; *Renner,* Abgrenzung Herstellung - Erhaltung, ecolex 2012 H 4, 153.

[206] Vgl *Laudacher* in *Kanduth-Kristen et al* (Hrsg), Jakom EStG[13] (2020) § 6 Rz 33; *Mayr* in *Doralt et al* (Hrsg), EStG[21] (2020) § 6 Rz 129; *Urnik/Kandler,* Die steuerliche Behandlung von Wertminderungen bei Grundstücken nach dem StRefG 2015/2016: systematische Betrachtung, Problembereiche und verbleibende Spielräume, in *Urnik/Fritz-Schmied* (Hrsg), Jahrbuch Bilanzsteuerrecht 2016 (2016) 51f.

- Der Austausch sämtlicher Gebäudeteile im Zuge eines einheitlichen Bauvorganges (VwGH 17.11.2004, 2002/14/0042).
- Die Errichtung eines vorher nicht vorhandenen Gebäudeteils in Form eines Satteldaches (VwGH 28.10.1997, 97/14/0005) sowie ein Umbau größeren Ausmaßes durch Änderung der Raumeinteilung bzw des Umbaus von Wohnungen in Geschäftsräumlichkeiten (VwGH 15.2.1994, 93/14/0175).
- Eine Gebäudeaufstockung (VwGH 17.2.1993, 89/14/0175) oder die Ersetzung eins Flachdaches durch ein Steildach, wenn dadurch neue Räume geschaffen werden (EStR 2000, Rz 3175).
- Die Entstehung eines Gebäudes mit anderer Marktgängigkeit durch umfangreiche Arbeiten (Einbau einer Zentralheizung, Entfernung von Anbauten, Versetzung von Zwischenwänden, Vergrößerung der Raumhöhe usw) (VwGH 29.9.1997, 93/14/0095).
- Der erstmalige Einbau einer Brandschutzanlage (VwGH 26.5.2004, 99/14/0261), einer Zentralheizung (VwGH 15.2.1994, 93/14/0175) oder einer Aufzugsanlage (EStR 2000, Rz 6476) in ein bestehendes Gebäude.
- Die Anbringung einer im Inneren des Gebäudes bisher nicht vorhanden Wärmedämmung (VwGH 11.5.1993, 92/14/0229).
- Die bauliche Zusammenlegung von Wohnungen oder deren Auftrennung (EStR 2000, Rz 3175).
- Das Versetzen von Gebäudeteilen (zB Fenster und Türen) ist ebenso als Änderung der Wesensart des Gebäudes zu definieren (EStR 2000, Rz 6476).
- Der Umbau einer HNO-Arzt-Ordination zu einer Zahnarzt-Ordination (UFS Wien 24.6.2004, RV/0894-W/02) löst eine Änderung der Wesensart (der Funktion bzw Zweckbestimmung aus).
- Die Umgestaltung eines WC in einen Baderaum mit Dusche und WC (VwGH 9.9.1980, 994/80)
- Die Generalüberholung eines Gebäudes, bei der sämtliche Bestandteile des Gebäudes ausgetauscht werden, weil das Gebäude vor der Durchführung der Baumaßnahme vollkommen abgenutzt bzw zerstört und damit funktionslos war (VwGH 17.11.2004, 2002/14/0042; VwGH 17.5.2006, 2004/14/0080).
- Auch bei der Generalsanierung eines Gebäudes ist bei der Beurteilung auf eine Änderung der Wesensart abzustellen. Wird zB das Mauerwerk umfangreich geändert, indem es abgetragen und neu errichtet wird, liegt grundsätzlich eine Änderung der Wesensart vor (VwGH

17.11.2004, 2002/14/0042). Dasselbe gilt, wenn Zimmer geändert, Zwischenmauern errichtet, Türstöcke versetzt und neue Türen eingebaut werden und jede Wohnung mit Sanitärräumen ausgestattet wird (VwGH 1.5.1993, 92/14/0229). Kommt es jedoch (trotz umfangreicher Modernisierungsmaßnahmen) zu keiner Funktions- bzw Zweckänderung, liegt nach Ansicht des VwGH (VwGH 10.6.1987, 86/13/0167) und UFS (UFS Feldkirch 25.4.2008, RV/0213-F/06) keine Änderung der Wesensart des Gebäudes und damit kein Herstellungsaufwand vor. Somit stellt der Austausch eines wesentlichen Gebäudesteiles keine Herstellungsmaßnahme dar, solange die Wesensart des Gebäudes erhalten bleibt (VwGH 24.9.2007, 2006/15/0333).

Aus den oben angeführten Beispielen wird ersichtlich, dass der Judikatur bzw der Finanzverwaltung bei der Beurteilung von Baumaßnahmen ein gewisser Graubereich zur Seite gestellt wird, indem bestimmte Veränderungen an der Bausubstanz als Herstellungsaufwand klassifiziert werden, obwohl diese nach Ansicht einiger Autoren keineswegs zwingend mit dem Kriterium der Änderung der Wesensart des Gebäudes verbunden sein müssen. Darauf begründet wird der Judikatur teilweise ein zu weites Begriffsverständnis von Herstellungsaufwand unterstellt, was von der Lehre wohl zu Recht kritisiert wird.[207]

Kritisch betrachtet wird in diesem Zusammenhang auch die unreflektierte steuerliche Typisierung als Herstellungsaufwand, wenn in ein Gebäude neue Bestandteile eingebaut werden. Dies zumal derartige Vorgänge weder von einer (steuerlich fokussierten) Wesensänderung des Gebäudes begleitet werden müssen, noch zwingend eine (unternehmensrechtlich relevante) wesentliche Verbesserung über den ursprünglichen Zustand des Gebäudes hinaus nach sich ziehen. So kann der Einbau neuer Gebäudebestandteile auch dem bloßen Erhalt des Ertragswertes (als Maßstab für eine Verbesserung) dienen, wenn die neu eingebauten Bestandteile notwendige Modernisierungsmaßnahmen darstellen, durch die ein Absinken des Ertragswertes (zB der am Markt erzielbaren Miete) eben nur verhindert werden soll.[208]

Zusammengefasst besteht nach hM zwar eine Parallelität zwischen dem unternehmensrechtlichen und steuerlichen Herstellungsaufwand, jedoch kann sich insb bei der Beurteilung einer qualitativen Verbesserung eine unterschiedliche Interpretation ergeben. So kann eine im Unternehmensrecht

---

[207] Vgl *Fritz-Schmied/Urnik,* Die Abgrenzung von Herstellungs- und Erhaltungsaufwand für (Miet-)Gebäude in unternehmens- und steuerrechtlicher Hinsicht: Status Quo und Überlegungen zur Vereinheitlichung, in *Urnik/Fritz-Schmied* (Hrsg), Jahrbuch Bilanzsteuerrecht 2018 (2018) 85.

[208] Vgl *Fritz-Schmied/Urnik,* Die Abgrenzung von Herstellungs- und Erhaltungsaufwand für (Miet-)Gebäude in unternehmens- und steuerrechtlicher Hinsicht: Status Quo und Überlegungen zur Vereinheitlichung, in *Urnik/Fritz-Schmied* (Hrsg), Jahrbuch Bilanzsteuerrecht 2018 (2018) 76.

Herstellungsaufwand auslösende wesentliche Verbesserung steuerlich als Erhaltungsaufwand qualifiziert werden, wenn lediglich eine bloße Wertsteigerung oder eine Erhöhung des Nutzungswertes bewirkt wird und keine Änderung der Wesensart des Gebäudes vorliegt.[209]

1.2.3. Steuerlicher Erhaltungsaufwand bei Betriebsgebäuden

Zum steuerlichen Erhaltungsaufwand zählen schließlich sämtliche Aufwendungen, welche zu keiner Änderung der Wesensart des Gebäudes führen. Dazu zieht § 4 Abs 7 EStG insofern eine Grenze, als Aufwendungen, die einzig zu einer wesentlichen Erhöhung des Nutzungswertes bzw einer Verlängerung der Nutzungsdauer des Gebäudes führen, den steuerlichen Erhaltungsaufwendungen zuzurechnen sind.[210]

Diese Erhaltungsaufwendungen dienen dazu, ein Gebäude in einem ordnungsgemäßen Zustand zu erhalten oder wieder in einen solchen Zustand zu versetzen. Dazu zählen insb die regelmäßig, in gewissen Zeitabständen, wiederkehrenden notwendigen Ausbesserungsarbeiten und zwar unabhängig davon, ob der Gebäudewert dadurch gesteigert wird.[211] Der Umstand, dass bei einer Erhaltungsmaßnahme besseres Material oder eine modernere Ausstattung gewählt wird, führt zu keiner Zuordnung der Aufwendungen zum Herstellungsaufwand, sofern die Wesensart des Gebäudes unverändert bleibt.[212]

Steuerlicher Erhaltungsaufwand liegt wie im Unternehmensrecht jedenfalls dann vor, wenn bloß einzelne Bestandteile eines Gebäudes ausgetauscht oder ausgebessert werden.[213] Erhaltungsaufwand, welcher im Zuge eines Herstellungsaufwandes anfällt, zählt grundsätzlich zum

[209] Vgl *Fritz-Schmied/Urnik,* Die Abgrenzung von Herstellungs- und Erhaltungsaufwand für (Miet-)Gebäude in unternehmens- und steuerrechtlicher Hinsicht: Status Quo und Überlegungen zur Vereinheitlichung, in *Urnik/Fritz-Schmied* (Hrsg), Jahrbuch Bilanzsteuerrecht 2018 (2018) 74; *Laudacher* in *Kanduth-Kristen et al* (Hrsg), Jakom EStG[13] (2020) § 6 Rz 33; *Urnik/Urtz* in *Straube/Ratka/Rauter* (Hrsg), UGB. Wiener Kommentar, Band II[3] (2017) § 203 Rz 18; *Renner,* Abgrenzung zwischen Herstellungs- und Erhaltungsmaßnahmen, UFS Journal 2012 H 4, 137; *Ryda/Langheinrich,* Die Absetzung für Abnutzung für Gebäude und der auf diese getätigten Aufwendungen – eine Betrachtung im Lichte der Neuerungen des StRefG 2015/2016, FJ 2017 H 1, 17.

[210] Vgl *Fritz-Schmied,* Die Abgrenzung der Anschaffungs- und Herstellungskosten von den Erhaltungsaufwendungen, in *Urnik/Fritz-Schmied* (Hrsg), Jahrbuch Bilanzsteuerrecht 2009 (2009) 109.

[211] Vgl *Mayr* in *Doralt et al* (Hrsg), EStG[21] (2020) § 6 Rz 123; *Laudacher* in *Kanduth-Kristen et al* (Hrsg), Jakom EStG[13] (2020) § 6 Rz 34; *Doralt/Ruppe,* Grundriss des österreichischen Steuerrechts, Band I[12] (2019) Rz 329; VwGH 2.8.1995, 93/13/0197.

[212] Vgl *Ryda/Langheinrich,* Die Absetzung für Abnutzung für Gebäude und der auf diese getätigten Aufwendungen – eine Betrachtung im Lichte der Neuerungen des StRefG 2015/2016, FJ 2017 H 1, 18; *Mayr* in *Doralt et al* (Hrsg), EStG[21] (2020) § 6 Rz 124; *Renner,* Abgrenzung Herstellung - Erhaltung, ecolex 2012 H 4, 153; VwGH 24.9.2007, 2006/15/0333.

[213] Vgl *Fritz-Schmied/Urnik,* Die Abgrenzung von Herstellungs- und Erhaltungsaufwand für (Miet-)Gebäude in unternehmens- und steuerrechtlicher Hinsicht: Status Quo und Überlegungen zur Vereinheitlichung, in *Urnik/Fritz-Schmied* (Hrsg), Jahrbuch Bilanzsteuerrecht 2018 (2018) 76f.

Herstellungsaufwand. Dies trifft insb dann zu, wenn der Erhaltungsaufwand durch den Herstellungsaufwand bedingt ist oder nicht einwandfrei vom Herstellungsaufwand getrennt werden kann. Ist der Erhaltungsaufwand jedoch unabhängig vom Herstellungsaufwand notwendig und lässt er sich vom Herstellungsaufwand abgrenzen, ist der Erhaltungsaufwand wie in unternehmensrechtlicher Hinsicht vom Herstellungsaufwand zu trennen.[214]

Zum steuerlichen Erhaltungsaufwand gehören nach der Rechtsprechung und Ansicht der Finanzverwaltung unter anderem folgende Sachverhalte:

- Die Erneuerung eines schadhaften Daches, auch wenn diese mit einem gleichzeitigen Dachausbau verbunden ist (VwGH 9.6.1980, 55/79). Der Dachausbau an sich ist hingegen zu aktivieren.
- Gebäudeausbesserungen, auch wenn dadurch der Gebäudewert steigt (VwGH 26.5.1971, 1552/70; EStR 2000, Rz 3176).
- Die Ersetzung eines Schindeldaches durch ein Leichtmetalldach, eines Holztores durch ein Eisentor oder eines Zaunes durch eine Umfriedung (EStR 2000, Rz 3178).
- Eine Erneuerung des Verputzes und der Wärmedämmung (EStR 2000, Rz 6469).
- Großreparaturen (VwGH 17.2.1993, 89/14/0248).
- Die Umstellung von Zentralheizung auf Ölfeuerung (EStR 2000, Rz 3178).
- Gasetagenheizung statt Einzelöfen (VwGH 23.10.2013, 2010/13/0147).

Innerhalb der steuerlichen Erhaltungsaufwendungen hat für den Anwendungsfall einer Wohnraumvermietung an fremde Dritte eine Unterscheidung zwischen Instandsetzungs- und Instandhaltungsaufwand stattzufinden, da für den Fall einer derartigen Gebäudenutzung § 4 Abs 7 EStG eine Verteilungspflicht über 15 Jahre (bis 2016: 10 Jahre) für getätigte Instandsetzungsaufwendungen vorsieht. Wird das Gebäude anderweitig[215] verwendet, sind Instandsetzungsaufwendungen analog zum Instandhaltungsaufwand stets sofort absetzbar.[216]

---

[214] Vgl *Mayr* in *Doralt et al* (Hrsg), EStG[21] (2020) § 6 Rz 131; *Winter et al,* Wiederkehrende Baustelle: Gebäudesanierung und Änderung des Abschreibungsplans, RWP 2018 H 6, 159; *Doralt/Ruppe,* Grundriss des österreichischen Steuerrechts, Band I[12] (2019) Rz 331.

[215] Nicht in den Anwendungsbereich fallen an Arbeitnehmer vermietete Gebäude, sonstige (vermietete) Betriebs- bzw Verwaltungsgebäude oder auch Hotels und vergleichbare Gebäude, die der kurzfristigen Beherbergungen dienen. (Vgl *Marschner* in *Kanduth-Kristen et al* (Hrsg), Jakom EStG[13] (2020) § 4 Rz 371; EStR 2000, Rz 1401.)

[216] Vgl *Zorn* in *Doralt et al* (Hrsg), EStG[21] (2020) § 4 Rz 376f; *Marschner* in *Kanduth-Kristen et al* (Hrsg), Jakom EStG[13] (2020) § 4 Rz 371ff; *oV,* Instandsetzung oder Instandhaltung, BBi 2016 H 5, 3; *Urnik/Kandler,* Die steuerliche Behandlung von Wertminderungen bei Grundstücken nach dem StRefG 2015/2016: systematische

Gleich der Unterscheidung von Herstellungs- und Erhaltungsaufwand kann auch bei der Unterteilung des Erhaltungsaufwandes nicht auf ein griffiges Abgrenzungsmerkmal zurückgegriffen werden, wodurch es auch innerhalb des Bereiches der Erhaltungsaufwendungen zu Abgrenzungsschwierigkeiten kommen kann.

Die Unterscheidung von Instandsetzungs- und Instandhaltungsaufwand kann grundlegend danach getroffen werden, dass Instandhaltungsaufwand dazu dient, das Gebäude in einem ordnungsgemäßen Zustand zu halten, während Instandsetzungsaufwand das Gebäude erst in einen solchen Zustand versetzt. Insofern kann auch die Höhe der getätigten Ausgaben einen ersten Anhaltspunkt für die Typisierung liefern. So wird angenommen, dass Ausgaben von eher geringer Höhe idR Instandhaltungsaufwand darstellen. Mit zunehmender Höhe der angefallenen Aufwendungen muss jedoch nicht zwingend ein Transfer zu den Instandsetzungsaufwendungen erfolgen.[217]

Unter Instandsetzungsaufwand versteht § 4 Abs 7 EStG jene Aufwendungen, die zu einer wesentlichen Erhöhung des Nutzungswertes bzw Verlängerung der Nutzungsdauer des Gebäudes führen. Eine Definition der erforderlichen Wesentlichkeitsgrenze ist dem Gesetz dabei nicht zu entnehmen. Die Finanzverwaltung geht dann von einer wesentlichen Erhöhung des Nutzungswertes aus, wenn bestimmte[218] Gebäudeteile zur Gänze bzw (in mengenmäßiger Betrachtung) zu mehr als 25 % ausgetauscht werden. Dabei ist das Ausmaß der Austauscharbeiten grundsätzlich auf Basis des gesamten Gebäudes zu bemessen.[219]

Eine wesentliche Nutzungswerterhöhung wird darüber hinaus nach der Judikatur des VwGH und in der Verwaltungspraxis dann angenommen, wenn das Gebäude durch die vorgenommenen Investitionen etwa besser nutzbar ist und dies zu einer Erhöhung der Einnahmen führt, bei einer Neuvermietung ein höherer Mietzins bzw bei einem Verkauf ein höherer Verkaufspreis erzielt werden kann, wenn sich die Leerstehzeiten des Gebäudes verringern oder der Wohnwert für den Mieter erhöht wird (zB durch den Einbau von Schallschutzfenstern). Eine solche Nutzungswerterhöhung wird sodann bei einem mengenmäßigen Austausch bestimmter Bestandteile von mehr als 25 %

Betrachtung, Problembereiche und verbleibende Spielräume, in *Urnik/Fritz-Schmied* (Hrsg), Jahrbuch Bilanzsteuerrecht 2016 (2016) 59.

[217] Vgl *Fritz-Schmied,* Die Abgrenzung der Anschaffungs- und Herstellungskosten von den Erhaltungsaufwendungen, in *Urnik/Fritz-Schmied* (Hrsg), Jahrbuch Bilanzsteuerrecht 2009 (2009) 114f.

[218] Dazu zählen etwa Türen, Fenster, Dach, Dachstuhl, Stiegen, Heizungsanlagen, Aufzugsanlagen, Sanitärinstallationen etc. (Vgl EStR 2000, Rz 6469.)

[219] Vgl *Fritz-Schmied/Urnik,* Die Abgrenzung von Herstellungs- und Erhaltungsaufwand für (Miet-)Gebäude in unternehmens- und steuerrechtlicher Hinsicht: Status Quo und Überlegungen zur Vereinheitlichung, in *Urnik/Fritz-Schmied* (Hrsg), Jahrbuch Bilanzsteuerrecht 2018 (2018) 77f; *Marschner* in *Kanduth-Kristen et al* (Hrsg), Jakom EStG[13] (2020) § 4 Rz 372.

vermutet. Ob es dadurch zu einer tatsächlichen Ertragswertsteigerung kommt ist jedoch nicht relevant. Eine wesentliche Verlängerung der Nutzungsdauer wird bei einer Erhöhung der technischen oder wirtschaftlichen Nutzungsdauer um mehr als 25 % vermutet, wobei als Vergleichsmaßstab die Nutzungsdauer vor Durchführung der Maßnahmen (Restnutzungsdauer) herangezogen wird.[220]

Anzumerken ist, dass die erwähnte 25 %-Grenze in der Judikatur des VwGH nicht ausdrücklich bestätigt wird. Auch in Fällen, bei denen das Überschreiten dieser Grenze strittig ist, wird vom Höchstgericht bloß auf die nachzuweisende Erhöhung des Nutzungswertes oder Verlängerung der Nutzungsdauer – und somit den Gesetzestext – verwiesen, jedoch nicht auf bestimmte Prozentsätze.[221]

Wird bei der Baumaßnahme das Kriterium der Wesentlichkeit nicht erreicht, liegt ein Instandhaltungsaufwand vor, dessen sofortiger Abzug als Betriebsausgabe gesichert ist. Zum Instandhaltungsaufwand zählt die Verwaltungspraxis unwesentliche Austauscharbeiten, Ausmalarbeiten, laufende Reparaturen, Ausbesserungen und Wartungsarbeiten.[222] Zudem ist ein Aufwand, der ausschließlich wegen höherer Gewalt anfällt, stets der Instandhaltung zuzurechnen, es sei denn, der zerstörte Gebäudeteil war bereits vor dessen Zerstörung instandsetzungsbedürftig. In diesem Fall zählt der Aufwand zu den Instandsetzungsmaßnahmen.[223]

Weiters wird dem Instandhaltungsaufwand eine gewisse, wenn auch nicht zwingend jährliche, Regelmäßigkeit unterstellt. Werden diese Instandhaltungstätigkeiten jedoch nicht (regelmäßig) vorgenommen, kann es zu einer Funktions- bzw Nutzenbeeinträchtigung des Gebäudes kommen. Kommt es durch unterlassene Instandhaltungsaufwendungen zu einer solchen Funktions- bzw Nutzenbeeinträchtigung des Gebäudes, ist dieser mit einer AfaA zu begegnen oder mit einem

[220] Vgl *Fritz-Schmied/Urnik,* Die Abgrenzung von Herstellungs- und Erhaltungsaufwand für (Miet-)Gebäude in unternehmens- und steuerrechtlicher Hinsicht: Status Quo und Überlegungen zur Vereinheitlichung, in *Urnik/Fritz-Schmied* (Hrsg), Jahrbuch Bilanzsteuerrecht 2018 (2018) 77f; *Urnik/Kandler,* Die steuerliche Behandlung von Wertminderungen bei Grundstücken nach dem StRefG 2015/2016: systematische Betrachtung, Problembereiche und verbleibende Spielräume, in *Urnik/Fritz-Schmied* (Hrsg), Jahrbuch Bilanzsteuerrecht 2016 (2016) 58.

[221] Vgl *Laudacher* in *Kanduth-Kristen et al* (Hrsg), Jakom EStG[13] (2020) § 28 Rz 104; VwGH 20.12.2006, 2003/13/0044; VwGH 15.11.2005, 2001/14/0150.

[222] Vgl *Fritz-Schmied,* Die Abgrenzung der Anschaffungs- und Herstellungskosten von den Erhaltungsaufwendungen, in *Urnik/Fritz-Schmied* (Hrsg), Jahrbuch Bilanzsteuerrecht 2009 (2009) 114; *Fattinger/Patloch-Kofler* in *Bertl/Mandl* (Hrsg), Handbuch zum Rechnungslegungsgesetz[21] (2017) § 203 Abs 1 – 4 Rz 105; EStR 2000, Rz 6467.

[223] Vgl *Fritz-Schmied/Urnik,* Die Abgrenzung von Herstellungs- und Erhaltungsaufwand für (Miet-)Gebäude in unternehmens- und steuerrechtlicher Hinsicht: Status Quo und Überlegungen zur Vereinheitlichung, in *Urnik/Fritz-Schmied* (Hrsg), Jahrbuch Bilanzsteuerrecht 2018 (2018) 78; *Urnik/Kandler,* Die steuerliche Behandlung von Wertminderungen bei Grundstücken nach dem StRefG 2015/2016: systematische Betrachtung, Problembereiche und verbleibende Spielräume, in *Urnik/Fritz-Schmied* (Hrsg), Jahrbuch Bilanzsteuerrecht 2016 (2016) 58.

Instandsetzungsaufwand entgegenzuwirken. Somit ist Instandsetzungsaufwand insb bei der Renovierung vernachlässigter Gebäude[224] anzunehmen und kann insofern auch als nachgeholter Instandhaltungsaufwand interpretiert werden.[225]

1.3. Gegenüberstellung Herstellung und Erhaltung im UGB und EStG

Zusammengefasst lassen sich die behandelten Ausführungen zu der Zurechnung von Aufwendungen zum unternehmensrechtlichen bzw steuerlichen Herstellungs- oder Erhaltungsaufwand wie folgt darstellen:

[224] Vgl *Knechtl/Unger/Winkler* in *Wiesner et al* (Hrsg), EStG[26] (2018) § 4 Rz 179b; VwGH 20.12.2006, 2003/13/0044.
[225] Vgl *Fritz-Schmied,* Die Abgrenzung der Anschaffungs- und Herstellungskosten von den Erhaltungsaufwendungen, in *Urnik/Fritz-Schmied* (Hrsg), Jahrbuch Bilanzsteuerrecht 2009 (2009) 115.

<table>
<tr><td></td><td colspan="2">UGB</td><td colspan="3">EStG</td><td></td></tr>
<tr><td rowspan="3">Aktivierungspflicht Gebäude</td><td colspan="2">Herstellung:
• entgeltlicher Zugangsakt
• Schaffung von etwas Neuem</td><td colspan="2">Herstellung:
• entgeltlicher Zugangsakt
• Schaffung von etwas Neuem</td><td rowspan="3">Aber Wesensänderung laut Judikatur bzw Ansicht der Finanzverwaltung auch:
Erweiterung oder Veränderung an der Bausubstanz:
• Versetzung von Gebäudeteilen
• erstmaliger Einbau von Badezimmern oder der Verlegung des WC vom Gang in den Wohnzimmerverband
• erstmaliger Einbau einer Zentralheizung bzw Umstellung der Wärmeversorgung
• erstmaliger Einbau einer Aufzugsanlage
• Behördlich angeordneter Einbau einer Brandmeldeanlage</td><td rowspan="3">Aktivierungspflicht Gebäude</td></tr>
<tr><td>Erweiterung</td><td>Erhöhung in quantitativer Hinsicht
Anbau, Zubau, Aufstockung
Entstehung neuer Substanz/neuer Nutzfläche</td><td rowspan="2">Änderung der Wesensart</td><td>Erweiterung durch Anbau, Zubau, Aufstockung
Änderung der Gestalt</td></tr>
<tr><td>wesentliche Verbesserung</td><td>iZm einer Änderung der Funktion bzw Zweckbestimmung bzw einer qualitativen Veränderung, die ein neues Gebäude entstehen lässt</td><td>Änderung der Funktion bzw Zweckbestimmung</td></tr>
</table>

	UGB		EStG	
Aktivierungspflicht Gebäude	**wesentliche Verbesserung**	iZm einer wesentlichen Steigerung des Nutzungswertes bzw Erhöhung der Nutzungsdauer	**Erhaltungsaufwand in Form von Instandsetzungsaufwendungen:** Eine Nutzungswertsteigerung wird vermutet bei: • einem Austausch bestimmter unselbständiger Gebäudeteile zur Gänze bzw (in mengenmäßiger Betrachtung) zu mehr als 25 % • einer wesentlichen Verlängerung der technischen oder wirtschaftlichen Restnutzungsdauer	**Verteilungspflicht auf 15 Jahre**
Sofort aufwandswirksam	**Erhaltungsaufwand:** • keine Erhöhung in quantitativer Hinsicht bzw Austausch lediglich einzelner Gebäudebestandteile ohne Änderung der Funktion bzw Zweckwidmung • Erhaltung des Ertragswertes des Gebäudes		**Erhaltungsaufwand in Form von Instandhaltungsaufwand:** • Aufwendungen zur Erhaltung des Gebäudes in einem ordnungsgemäßen Zustand • Austausch unwesentlicher Bestandteile, Malertätigkeiten, Reparaturen, Ausbesserungs- und Wartungsarbeiten • Aufwendungen höherer Gewalt	**Sofort abzugsfähig**

Tab 1: Zusammenfassende Gegenüberstellung: Herstellung und Erhaltung (Vgl *Fritz-Schmied/Urnik,* Die Abgrenzung von Herstellungs- und Erhaltungsaufwand für (Miet-)Gebäude in unternehmens- und steuerrechtlicher Hinsicht: Status Quo und Überlegungen zur Vereinheitlichung, in *Urnik/Fritz-Schmied* (Hrsg), Jahrbuch Bilanzsteuerrecht 2018 (2018) 83f.)

Bei der qualitativen Analyse von baulichen Veränderungen an Betriebsgebäuden lässt sich neben Abgrenzungsschwierigkeiten innerhalb der jeweiligen Rechtsnorm zum Teil eine (bei gleichem Sachverhalt) unterschiedliche Behandlung nachträglicher Baumaßnahmen und damit auch eine unterschiedliche Auswirkung auf die Folgebewertung des Gebäudes zwischen UGB und EStG feststellen. So ist sowohl in unternehmensrechtlicher als auch in steuerlicher Hinsicht oft nur schwer erkennbar, welche Aufwendungen dem Erhaltungsaufwand zuzuordnen sind und welche zu den aktivierungspflichtigen Herstellungsaufwendungen zählen. Zudem kann es insb im Rahmen einer wesentlichen Verbesserung eines Gebäudes zu Abweichungen zwischen UGB und EStG kommen, da eine solche im UGB zu aktivieren ist und im EStG nur dann zu den Herstellungsaufwendungen zählt, wenn diese auch eine Änderung der Wesensart beim Gebäude bewirkt.

Bei angesprochener Thematik herrscht in mehrfacher Hinsicht Aufklärungsbedarf durch den Gesetzgeber. So sollte im unternehmensrechtlichen Kontext eine Klarstellung des Gesetzgebers erfolgen, unter welchen genauen Umständen Verbesserungsmaßnahmen an einem Gebäude als wesentliche Verbesserung und damit aktivierungspflichtiger Herstellungsaufwand anzusehen sind. Hierbei könnte eine Orientierung an der von der Lehre vertretenen Ertragswertsteigerung von über 25 % gegenüber dem Zustand der Erstbilanzierung des Gebäudes erfolgen. Dabei ist jedoch anzumerken, dass eine zukünftige Ertragswertsteigerung zum Zeitpunkt der Baumaßnahme oft nur geschätzt werden kann und somit möglicherweise Gestaltungspotential für den Bilanzierenden bietet.

In steuerlicher Hinsicht wäre eine konkrete Definition des Begriffes „Änderung der Wesensart" durch den Gesetzgeber wünschenswert, da dieser Begriff stark auslegungsbedürftig ist und der Judikatur bzw der Finanzverwaltung so eine gewisse Willkür bei der Beurteilung einer Baumaßnahme verschafft, die eine richtige Einschätzung von nachträglichen Baumaßnahmen für den Bilanzierenden oftmals erschwert.

Auch im Rahmen der Instandsetzungsaufwendungen sollte der Gesetzgeber festlegen, unter welchen genauen Umständen eine wesentliche Erhöhung des Nutzungswertes bzw eine wesentliche Verlängerung der Nutzungsdauer vorliegt. Hier könnte einerseits eine Orientierung an der Handhabung der Finanzverwaltung erfolgen, welche jedoch insb bei einer Einschätzung der Verlängerung der Nutzungsdauer ein gewisses Gestaltungspotential bietet. Andererseits könnte mE der tatsächlich angefallene Bauaufwand mit dem Restbuchwert zum Zeitpunkt der Baumaßnahme verglichen werden und nur bei Überschreitung einer vom Gesetzgeber festzulegenden Verhältnisgrenze der Instandsetzung zuzurechnen sein.

2. Auswirkungen der Baumaßnahmen auf die Folgebewertung des Gebäudes

2.1. Baumaßnahmen und planmäßige Abschreibung im UGB

Werden an einem bestehenden Betriebsgebäude bauliche Veränderungen vorgenommen, die als Herstellungsaufwand interpretiert werden, sind diese grundsätzlich zu aktivieren und über die Nutzungsdauer des Gebäudes abzuschreiben. In diesem Zusammenhang ist der Bilanzierende häufig mit der Thematik konfrontiert, wie sich Änderungen des Abschreibungsplans konkret auf die Folgebewertung des Gebäudes auswirken.

Resultieren die Herstellungsaufwendungen aus Erweiterungs- oder Verbesserungsmaßnahmen an einem bestehenden Betriebsgebäude, wird ein etwaig noch vorhandener Restbuchwert des Altgebäudes grundsätzlich in die angefallenen Herstellungskosten eingerechnet.[226]

Die Herstellungsaufwendungen sind somit im Zeitpunkt ihres Anfallens dem Buchwert zuzurechnen und führen zu einer Verbreiterung der Abschreibungsbasis, welche auf die (eventuell neu festzusetzende) Restnutzungsdauer des Gebäudes zu verteilen ist. Daraus ergibt sich eine geänderte Höhe der planmäßigen Abschreibung.[227] Dies gilt sowohl für den Fall einer partiellen Neuherstellung in Form einer Erweiterung (zB Gebäudeanbau oder Aufstockung) als auch im Fall von aktivierungspflichtigen Verbesserungsmaßnahmen.[228] Gehen die Verbesserungsmaßnahmen jedoch mit dem Abbruch des Altgebäudes einher, ist ein eventuell noch vorhandener Restbuchwert (in Form einer außerplanmäßigen Abschreibung) zusammen mit den Abbruchkosten sofort aufwandswirksam auszubuchen.[229]

Beim Vorliegen von nachträglichen Herstellungsaufwendungen ist stets zu prüfen, ob durch die Baumaßnahmen neben einer Änderung der Abschreibungsbasis auch eine Verlängerung der Nutzungsdauer des Gebäudes bewirkt wurde.[230] Die Festlegung einer neuen Nutzungsdauer richtet sich dabei nach den allgemeinen Bestimmungen von § 204 Abs 1 UGB, wonach sich die Nutzungsdauer nach der geplanten Verwendungsdauer des Gebäudes zu richten hat.[231]

Wird ein Gebäude in quantitativer Form erweitert, ist bei der Festlegung der Nutzungsdauer eine Orientierung an der Restnutzungsdauer des Altobjektes möglich. So wird zB die partielle Erweiterung eines Mietgebäudes häufig nicht mit einer Verlängerung der Nutzungsdauer des

---

[226] Vgl *Fritz-Schmied/Urnik,* Die Abgrenzung von Herstellungs- und Erhaltungsaufwand für (Miet-)Gebäude in unternehmens- und steuerrechtlicher Hinsicht: Status Quo und Überlegungen zur Vereinheitlichung, in *Urnik/Fritz-Schmied* (Hrsg), Jahrbuch Bilanzsteuerrecht 2018 (2018) 68; *Winter et al,* Wiederkehrende Baustelle: Gebäudesanierung und Änderung des Abschreibungsplans, RWP 2018 H 6, 158.

[227] Vgl *Janschek/Jung* in *Hirschler* (Hrsg), Bilanzrecht I² (2019) § 204 Rz 19; *Konezny* in *Torggler* (Hrsg), UGB³ (2019) § 204 Rz 10; *Fritz-Schmied/Kanduth-Kristen* in *Kanduth-Kristen/Fritz-Schmied* (Hrsg), Bilanzposten-Kommentar (2017) AP A.II.1. Rz 83.

[228] Vgl *Fritz-Schmied/Urnik,* Die Abgrenzung von Herstellungs- und Erhaltungsaufwand für (Miet-)Gebäude in unternehmens- und steuerrechtlicher Hinsicht: Status Quo und Überlegungen zur Vereinheitlichung, in *Urnik/Fritz-Schmied* (Hrsg), Jahrbuch Bilanzsteuerrecht 2018 (2018) 68.

[229] Vgl *Lang* in *Zib/Dellinger* (Hrsg), UGB. Großkommentar, Band III – Teil 1 (2013) § 203 Rz 46; *Urnik/Urtz* in *Straube/Ratka/Rauter* (Hrsg), UGB. Wiener Kommentar, Band II³ (2017) § 203 Rz 20; *Fattinger/Patloch-Kofler* in *Bertl/Mandl* (Hrsg), Handbuch zum Rechnungslegungsgesetz²¹ (2017) § 203 Abs 1 – 4 Rz 47.

[230] Vgl *Fritz-Schmied/Kanduth-Kristen* in *Kanduth-Kristen/Fritz-Schmied* (Hrsg), Bilanzposten-Kommentar (2017) AP A.II.1. Rz 83.

[231] Vgl *Fritz-Schmied/Urnik,* Die Abgrenzung von Herstellungs- und Erhaltungsaufwand für (Miet-)Gebäude in unternehmens- und steuerrechtlicher Hinsicht: Status Quo und Überlegungen zur Vereinheitlichung, in *Urnik/Fritz-Schmied* (Hrsg), Jahrbuch Bilanzsteuerrecht 2018 (2018) 68.

Gesamtgebäudes einhergehen, wodurch der aktivierte Herstellungsaufwand über die Restnutzungsdauer des Altobjektes abzuschreiben ist.[232] Unter Berücksichtigung der allgemeinen Grundsätzen des UGB wird jedoch von einem Teil der Lehre das Vorliegen eines Wahlrechts zur gesonderten Abschreibung neu errichteter Gebäudeteile (Komponentenansatz) bejaht, wenn diese einen wesentlichen Anteil des Gebäudes ausmachen und selbständig bewertbar sind. In diesem Fall ist die Nutzungsdauer der neuen Bestandteile (zB von Aufzügen oder Heizungsanlagen) nach den allgemeinen Bestimmungen zur Abschreibung festzulegen. Der spätere Ersatz einer solchen wesentlichen physisch separierbaren Komponente wird nach dieser Ansicht als Teilabgang und Teilzugang physischer Substanz interpretiert und ist somit wiederum dem Herstellungsaufwand und nicht dem sofort erfolgswirksamen Erhaltungsaufwand zuzurechnen.[233]

Resultiert der Herstellungsaufwand demgegenüber aus qualitativen Verbesserungsmaßnahmen, ist für die Abschreibung oft eine Neufestsetzung der Nutzungsdauer notwendig, die angesichts der Einheitlichkeit des Abschreibungsobjektes auch für die unverändert belassenen Teile des Gebäudes gilt.[234] Fraglich ist, ob jede wesentliche Verbesserung neben einer Erhöhung der Abschreibungsbasis zwingend auch eine Anpassung der Nutzungsdauer im Abschreibungsplan erfordert. Während eine wesentlich zu lang geschätzte Nutzungsdauer jedenfalls anzupassen ist, besteht für den Fall einer zu kurz geschätzten Nutzungsdauer nach einem Teil der Lehre ein Wahlrecht zur Änderung der Abschreibungsdauer. Für eine zwingende Anpassung auch in diesem Fall spricht hingegen, dass es ansonsten zur Bildung stiller Reserven beim Gebäude kommt und somit die Vermittlung eines möglichst getreuen Bildes der Vermögens-, Finanz- und Ertragslage des Unternehmens gefährdet wird. Diese Vorgehensweise begründet sich im Vorsichtsprinzip des UGB, nachdem bei zukünftigen Überbewertungen strengere Maßstäbe als bei zukünftigen Unterbewertungen gesetzt werden.[235] Konkret erscheint eine Plankorrektur dann zwingend erforderlich, wenn es mit hoher

---

[232] Vgl *Fritz-Schmied/Urnik,* Die Abgrenzung von Herstellungs- und Erhaltungsaufwand für (Miet-)Gebäude in unternehmens- und steuerrechtlicher Hinsicht: Status Quo und Überlegungen zur Vereinheitlichung, in *Urnik/Fritz-Schmied* (Hrsg), Jahrbuch Bilanzsteuerrecht 2018 (2018) 68.

[233] Vgl *Dieter/Hohensinner* in *Zib/Dellinger* (Hrsg), UGB. Großkommentar, Band III – Teil 1 (2013) § 204 Rz 46; *Janschek/Jung* in *Hirschler* (Hrsg), Bilanzrecht I² (2019) § 204 Rz 28; *Hofbauer/Rohatschek* in *Jabornegg/Artmann* (Hrsg), Unternehmensgesetzbuch. Kommentar, Band 2² (2017) § 204 Rz 16.

[234] Vgl *Fritz-Schmied/Urnik,* Die Abgrenzung von Herstellungs- und Erhaltungsaufwand für (Miet-)Gebäude in unternehmens- und steuerrechtlicher Hinsicht: Status Quo und Überlegungen zur Vereinheitlichung, in *Urnik/Fritz-Schmied* (Hrsg), Jahrbuch Bilanzsteuerrecht 2018 (2018) 69.

[235] Vgl *Dieter/Hohensinner* in *Zib/Dellinger* (Hrsg), UGB. Großkommentar, Band III – Teil 1 (2013) § 204 Rz 77f und 83; *Janschek/Jung* in *Hirschler* (Hrsg), Bilanzrecht I² (2019) § 204 Rz 46; *Papst/Urnik/Urtz* in *Straube/Ratka/Rauter* (Hrsg), UGB. Wiener Kommentar, Band II³ (2017) § 204 Rz 14; *Winter et al,* Änderung der Nutzungsdauer von Vermögensgegenständen und die damit einhergehenden bilanziellen und ertragssteuerlichen Konsequenzen, RWP 2017 H 3, 71; *Bertl/Deutsch-Goldoni/Hirschler,* Buchhaltungs- und

Wahrscheinlichkeit zu einer erheblichen Verlängerung der Nutzungsdauer kommt, welche durch eine wesentliche Verbesserung regelmäßig ausgelöst wird.[236]

Nachträgliche Herstellungsaufwendungen führen zusammengefasst zumindest zu einer Änderung der Abschreibungsbasis des betroffenen Gebäudes (Ausnahme: Komponentenansatz) und machen somit eine Anpassung des Abschreibungsplans notwendig. Unter Umständen kann auch eine Anpassung der Restnutzungsdauer erforderlich sein. Fällt der getätigte Aufwand hingegen in die Kategorie der Erhaltungsaufwendungen ist dieser im UGB stets sofort und zur Gänze aufwandswirksam und hat somit keinerlei Auswirkung auf den Abschreibungsplan des Gebäudes.[237]

Kritisch zu hinterfragen sind vor allem die Auswirkungen der nachträglichen Herstellungsaufwendungen auf die laufende Nutzungsdauer des Gebäudes. So lassen sich für eine Abkehr von der Einheitlichkeit des Abschreibungsobjektes und einer verstärkten Beachtung des Komponentenansatzes durchaus Argumente anbringen. Es ist mE zwar nachvollziehbar, dass sich im Fall einer partiellen Gebäudeerweiterung die Nutzungsdauer des gesamt betrachteten Gebäudes in den meisten Fällen nicht verlängert. Es sollte jedoch infrage gestellt werden, warum der neu errichtete Gebäudebestandteil grundsätzlich über die (idR kürzere) Restnutzungsdauer des Altgebäudes zu verteilen ist, da dem neu entstandenen Gebäudeteil in der Praxis wohl häufig eine vom Altgebäude unabhängige bzw unterschiedliche Nutzungsdauer zugedacht wird.

Als Beispiel sei hier ein Handelsbetrieb genannt, welcher im Erdgeschoß über eine seit Jahren genutzte Verkaufsfläche verfügt. Wird nun das Obergeschoß ausgebaut bzw überhaupt erst errichtet, um mehr Verkaufs- oder Lagerfläche zu schaffen, ist dessen Nutzungsdauer grundsätzlich nach der des Altgebäudes zu bemessen, obwohl dem neu entstandenen Obergeschoß wohl meist eine längere Nutzungsdauer vorhergesagt werden kann.

Als weiteren Kritikpunkt lässt sich die Auswirkung einer qualitativen Verbesserung von bestimmten Teilen des Gebäudes auf die unverändert belassenen Bestandteile nennen. Dabei ist kritisch zu hinterfragen, ob sich eine wesentliche Verbesserung von bestimmten Gebäudeteilen insofern auf

---

Bilanzierungshandbuch[11] (2019) 439f; *Moser,* Änderung der Nutzungsdauer des Anlagevermögens, SWK 2010 H 14/15, 516; *Fraberger/Jann/Wytrzens,* Grundstücke nach der Steuerreform 2015/16, in *iwp* (Hrsg), Wirtschaftsprüfer-Jahrbuch 2016 (2016) 302.

[236] Vgl *Hofbauer/Rohatschek* in *Jabornegg/Artmann* (Hrsg), Unternehmensgesetzbuch. Kommentar, Band 2[2] (2017) § 204 Rz 24; *Winter et al,* Wiederkehrende Baustelle: Gebäudesanierung und Änderung des Abschreibungsplans, RWP 2018 H 6, 160; *Bertl/Hirschler,* Änderung des Abschreibungsplans aufgrund der Änderung der steuerrechtlichen AfA-Sätze, RWZ 2016 H 6, 189.

[237] Vgl *Konezny* in *Torggler* (Hrsg), UGB[3] (2019) § 204 Rz 19; *Janschek/Jung* in *Hirschler* (Hrsg), Bilanzrecht I[2] (2019) § 204 Rz 44.

die unverändert belassenen Gebäudeteile auswirkt, als dass sich deren Nutzungsdauer ebenso verlängert.

Als Beispiel kann hier ein Gebäude herangezogen werden, bei dem das Erdgeschoß umfangreich umgestaltet wird, während die oberen Stockwerke von der Baumaßnahme unberührt bleiben. Dass sich die wesentliche Verbesserung des Erdgeschoßes auch auf die Restnutzungsdauer der oberen Stockwerke auswirkt ist mE nur schwer nachvollziehbar und kritisch zu hinterfragen.

2.2. Baumaßnahmen und planmäßige Abschreibung im EStG

Herstellungsaufwendungen, die aus Baumaßnahmen an einem bereits bestehenden Betriebsgebäude resultieren, sind in der Folgebewertung steuerlich grundsätzlich gleich wie im Unternehmensrecht zu behandeln. Für die steuerliche Behandlung der nachträglichen Herstellungsaufwendungen gibt die Finanzverwaltung jedoch einige Beispiele als Orientierungshilfe an, die nachfolgend dargestellt werden.

Nachträglicher steuerlicher Herstellungsaufwand erhöht nach Ansicht der Finanzverwaltung grundsätzlich den Restbuchwert des Gebäudes. Ohne Verlängerung der Nutzungsdauer ist dieser erhöhte Restbuchwert sodann auf die sich aus dem jeweiligen AfA-Satz ergebende Restnutzungsdauer abzuschreiben. Dabei sind die in § 8 EStG vorgesehenen AfA-Sätze für Gebäude zu beachten.[238]

Beispiel (in Anlehnung an EStR 2000, Rz 3163): Inbetriebnahme eines Gebäudes 1/x1 (Aufwand 2.000; AfA 2,5 %), Einbau einer Aufzugsanlage 1/x8 (Aufwand 500): Der Restbuchwert des Gebäudes zum 1.1.x8 (vor dem Einbau der Aufzugsanlage) beträgt 1.650 (AfA pa = 50); der neue erhöhte Restbuchwert beträgt somit 2.150 (1650 + 500). Dieser Betrag ist auf die sich aus dem AfA-Satz des Gebäudes von 2,5 % ergebenden Restnutzungsdauer von 33 Jahren abzuschreiben. Der AfA-Betrag für das Jahr x8 beträgt somit 65,15 (2.150 / 33).

Durch einen nachträglichen Herstellungsaufwand kann unter Umständen auch eine Verlängerung der Nutzungsdauer des Gebäudes bewirkt werden. Dies gilt nach Meinung der Finanzverwaltung[239] insb bei folgender Fallkonstellation. Sofern der Herstellungsaufwand betragsmäßig höher ist als der Restbuchwert des Gebäudes und die Restnutzungsdauer des bestehenden Gebäudes kürzer ist

[238] Vgl *Kanduth-Kristen* in *Kanduth-Kristen et al* (Hrsg), Jakom EStG[13] (2020) § 8 Rz 33; *Doralt* in *Doralt et al* (Hrsg), EStG[18] (2016) § 8 Rz 24/1; *Kovar/Hildebrand,* Die Absetzung für Abnutzung bei Gebäuden, in *Haunold et al* (Hrsg), Immobilienbesteuerung[4] (2016) 199.

[239] Vgl EStR 2000, Rz 3164.

als die betriebsgewöhnliche Nutzungsdauer der Zusatzinvestition, verlängert sich die Restnutzungsdauer des gesamten Gebäudes. Dabei ist die betriebsgewöhnliche Nutzungsdauer der Zusatzinvestition, die als eigenständiger Gebäudeteil anzusehen ist, wiederum nach § 8 Abs 1 EStG zu bemessen. Ist jedoch die Nutzungsdauer des bestehenden Gebäudes länger als die der Neuinvestition, so bleibt es bei der ursprünglichen Abschreibungsdauer[240]. Dieser Behandlung wird mangels eigener Bestimmung - sofern dem nicht zwingende Gründe (zB im Zuge einer gutachterlichen Einschätzung) entgegenstehen - meist auch in unternehmensrechtlicher Hinsicht gefolgt.[241]

Beispiel (in Anlehnung an EStR 2000, Rz 3164): Inbetriebnahme eines Gebäudes 1/x1 (Aufwand 2.000; AfA 2,5 %), Aufstockung des Gebäudes 1/x8 (Aufwand 1.800): Der Restbuchwert des Gebäudes zum 1.1.x8 (vor der Aufstockung) beträgt 1.650 (AfA pa = 50) und ist somit geringer als der Investitionsaufwand; der neue erhöhte Restbuchwert beträgt 3.450 (1650 + 1.800). Dieser Betrag ist auf die sich aus § 8 Abs 1 EStG ergebende Nutzungsdauer von 40 Jahren (AfA-Satz 2,5 %) abzuschreiben. Der AfA-Betrag für das Jahr x8 beträgt somit 86,25 (3.450 / 40).

Einerseits ist zu begrüßen, dass die Finanzverwaltung konkrete Anhaltspunkte darlegt, wann von einer Verlängerung der Nutzungsdauer des gesamten Gebäudes und wann von einer Beibehaltung der ursprünglichen Nutzungsdauer auszugehen ist, andererseits sollte auch diese Vorgehensweise, wie bereits bei der unternehmensrechtlichen Analyse, hinterfragt werden. Am obigen Beispiel lässt sich eine Verlängerung der Abschreibungsdauer des Restbuchwertes insofern nur schwer nachvollziehen, als dass die Aufstockung wohl regelmäßig nur wenig unmittelbare Auswirkung auf die Nutzungsdauer des Altgebäudes haben wird.

Ist ein Gebäude bereits vollständig abgeschrieben, ist ein darauf anfallender Herstellungsaufwand nach Ansicht der Finanzverwaltung[242] auf die für ihn neu zu ermittelnde Nutzungsdauer zu verteilen, wodurch keine Bindung mehr an der Verwendung des grundsätzlich verankerten AfA-Satzes besteht. Das trifft auch bei der Generalsanierung eines (nahezu) unbrauchbaren Gebäudes zu oder wenn ein noch gebrauchsfähiges Gebäude bei umfassender Umgestaltung untergeht bzw

[240] Vgl *Hirschler/Rohner,* Besondere Bewertungsvorschriften, in *Bertl/Hirschler* (Hrsg), Handbuch der österreichischen Steuerlehre, Band II³ (2016) 167.

[241] Vgl *Winkler* in *Wiesner et al* (Hrsg), EStG³⁰ (2019) § 8 Rz 19; *Urnik/Kandler,* Die steuerliche Behandlung von Wertminderungen bei Grundstücken nach dem StRefG 2015/2016: systematische Betrachtung, Problembereiche und verbleibende Spielräume, in *Urnik/Fritz-Schmied* (Hrsg), Jahrbuch Bilanzsteuerrecht 2016 (2016) 52; *Winter et al,* Wiederkehrende Baustelle: Gebäudesanierung und Änderung des Abschreibungsplans, RWP 2018 H 6, 161; *Fritz-Schmied/Urnik,* Die Abgrenzung von Herstellungs- und Erhaltungsaufwand für (Miet-)Gebäude in unternehmens- und steuerrechtlicher Hinsicht: Status Quo und Überlegungen zur Vereinheitlichung, in *Urnik/Fritz-Schmied* (Hrsg), Jahrbuch Bilanzsteuerrecht 2018 (2018) 79f.

[242] Vgl EStR 2000, Rz 3165.

abgerissen wird und danach ein neues Gebäude geschaffen wird.[243] In diesem Fall ist der Restbuchwert des Gebäudes sofort als AfaA abzugsfähig.[244] Die Auffassung der Finanzverwaltung scheint hier vertretbar, zumal bei einer Generalsanierung objektiv betrachtet oft ein neues Gebäude mit einer veränderten Wesensart (wenn auch nur betreffend der Bausubstanz) entsteht und im Fall eines Gebäudeabrisses etwaige Abbruchkosten bzw ein möglicher Restbuchwert ohnehin vor der Herstellung des neuen Gebäudes sofort aufwandswirksam verrechenbar sind.[245]

Betrifft der Herstellungsaufwand Zusatzinvestitionen, die den Charakter eigenständiger Gebäudeteile aufweisen (wie zB separate Gebäudezubauten), hat die Ermittlung der Nutzungsdauer nach den Abschreibungssätzen des § 8 Abs 1 EStG zu erfolgen, womit die (unternehmensrechtliche) Einheitlichkeit des Abschreibungsobjektes steuerlich durchbrochen[246] wird. Diese Durchbrechung gilt auch für nicht selbstständig bewertbare Gebäudebestandteile, wie etwa Heizungs- oder Aufzugsanlagen. Dabei ist deren Nutzungsdauer nach den allgemeinen Bestimmungen des § 7 EStG zu schätzen, ohne dass es dabei zu einer Änderung der Restnutzungsdauer des Gebäudes kommt. Diese Vorgehensweise wird von der Literatur zum Teil kritisch betrachtet, zumal sich hier die Ausführungen der Finanzverwaltung teilweise widersprechen.[247]

Beispiel (in Anlehnung an EStR 2000, Rz 3164): Angaben betreffend des Gebäudes wie oben, aber es erfolgt der Einbau von Badezimmern, die keinen eigenständigen Gebäudeteil darstellen und nicht den AfA-Sätzen des § 8 Abs 1 EStG unterliegen. Die Abschreibung erfolgt auf eine nach

[243] Vgl *Kanduth-Kristen* in *Kanduth-Kristen et al* (Hrsg), Jakom EStG[13] (2020) § 7 Rz 65; *Fritz-Schmied/Urnik,* Die Abgrenzung von Herstellungs- und Erhaltungsaufwand für (Miet-)Gebäude in unternehmens- und steuerrechtlicher Hinsicht: Status Quo und Überlegungen zur Vereinheitlichung, in *Urnik/Fritz-Schmied* (Hrsg), Jahrbuch Bilanzsteuerrecht 2018 (2018) 79; *Winter et al,* Änderung von Vermögensgegenständen und die damit einhergehenden bilanziellen und ertragssteuerlichen Konsequenzen, RWP 2017 H 3, 72; *Kovar/Hildebrand,* Die Absetzung für Abnutzung bei Gebäuden, in *Haunold et al* (Hrsg), Immobilienbesteuerung[4] (2016) 200.

[244] Vgl *Zweimüller,* Absetzung für außergewöhnliche Abnutzung bei Gebäudeabriss, SWK 2019 H 19, 828.

[245] Vgl *Thunshirn/Podovsovnik/Arsenijevic,* Die Immobilien-Ertragssteuer[3] (2018) 218; *oV,* Bilanzielle Behandlung von Aufwendungen im Zusammenhang mit dem Abbruch von Gebäuden, RWZ 2007 H 9, 257.

[246] Siehe jedoch EStR 2000, Rz 3166: "Grundsätzlich kann immer nur eine einheitliche AfA für das gesamte Wirtschaftsgut geltend gemacht werden. Nur ein selbständig bewertbares Wirtschaftsgut kann hinsichtlich der AfA gesondert behandelt werden. Auch in einem Gebäude gibt es verschiedene Teile mit unterschiedlicher Lebensdauer, ohne dass diese Tatsache allein die einzelnen Hausteile zu selbständigen gesondert bewertbaren Wirtschaftsgütern machen würde (VwGH 11.6.1965, 0316/65). Unterschiedliche AfA-Sätze hinsichtlich einzelner Gebäudeteile sind jedoch bei unterschiedlicher (gemischter) Nutzung eines Gebäudes möglich [...]". Zur Einheitlichkeit der Abschreibungsobjekte im Steuerrecht siehe auch VwGH 16.12.2015, 2012/15/0230.

[247] Vgl *Kanduth-Kristen* in *Kanduth-Kristen et al* (Hrsg), Jakom EStG[13] (2020) § 8 Rz 34; *Doralt* in *Doralt et al* (Hrsg), EStG[18] (2016) § 8 Rz 26; *Urnik/Kandler,* Die steuerliche Behandlung von Wertminderungen bei Grundstücken nach dem StRefG 2015/2016: systematische Betrachtung, Problembereiche und verbleibende Spielräume, in *Urnik/Fritz-Schmied* (Hrsg), Jahrbuch Bilanzsteuerrecht 2016 (2016) 52f; *Fritz-Schmied/Urnik,* Die Abgrenzung von Herstellungs- und Erhaltungsaufwand für (Miet-)Gebäude in unternehmens- und steuerrechtlicher Hinsicht: Status Quo und Überlegungen zur Vereinheitlichung, in *Urnik/Fritz-Schmied* (Hrsg), Jahrbuch Bilanzsteuerrecht 2018 (2018) 80; EStR 2000, Rz 3164 mit Verweis auf VwGH 12.9.1989, 88/14/0162.

allgemeinen Grundsätzen ermittelte Nutzungsdauer von 10 Jahren. Die Restnutzungsdauer des Gebäudes bleibt davon unberührt. Das Badezimmer wird also getrennt vom Gebäude behandelt und ist somit nicht an den AfA-Satz des Gebäudes gebunden.

Bei diesem Beispiel der Finanzverwaltung lässt sich ein eindeutiger Widerspruch zu den übrigen Ausführungen feststellen, welcher auch nach Jahren nicht von der Finanzverwaltung korrigiert bzw aufgeklärt wurde. So kann aus diesem Beispiel der EStR 2000 eine Abkehr von der grundsätzlich fest verankerten Einheitlichkeit des Abschreibungsobjektes abgeleitet werden. Dennoch herrscht hier Aufklärungsbedarf, da Badezimmer meist nur mit großer Mühe baulich vom Gebäude trennbar sind und für sie bei einer Veräußerung des gesamten Gebäudes in den meisten Fällen kein besonderes Entgelt angesetzt wird. Somit ist unter Berücksichtigung der restlichen Ausführungen der Finanzverwaltung eine vom Gebäude losgelöste Behandlung eines Badezimmers nur schwer nachvollziehbar und trägt zu Unklarheiten bei.

Zudem werden die in diesem Beispiel herangezogenen Badezimmer in den weiteren Angaben der EStR 2000 explizit als nicht selbstständig bewertbare Gebäudeinvestitionen deklariert und müssten somit bei einem späteren Einbau dem Restbuchwert des Gebäudes zugezählt werden.[248]

Obwohl allgemein betrachtet eine gesonderte Behandlung einzelner wichtiger Gebäudeteile, auch in Hinblick auf die zunehmende Internationalisierung des UGB, mE grundsätzlich zu begrüßen ist, wäre es wünschenswert eine klare Linie in der Handhabung der Finanzverwaltung erkennen zu können. Dies könnte einerseits durch das strikte Festhalten an der Einheitlichkeit des Abschreibungsobjektes und somit dem Verbot der eigenständigen Behandlung nicht selbstständiger Gebäudeteile (wie bspw des in den Beispielen der Finanzverwaltung angeführten Badezimmers) erreicht werden. Andererseits könnte auch eine Loslösung von diesem Grundsatz und die Anwendung des in der internationalen Rechnungslegung (und zunehmend auch im UGB) anerkannten Komponentenansatzes, bei dem jeder wesentliche Bestandteil (unabhängig vom Kriterium der Einzelveräußerbarkeit) einer Sachanlage getrennt zu aktivieren und über dessen jeweilige Nutzungsdauer abzuschreiben ist,[249] zu einer einheitlichen Systematik beitragen.

---

[248] Vgl *Ryda/Langheinrich,* Die Absetzung für Abnutzung für Gebäude und der auf diese getätigten Aufwendungen – eine Betrachtung im Lichte der Neuerungen des StRefG 2015/2016, FJ 2017 H 1, 26; EStR 2000, Rz 3169ff.

[249] Vgl *Müller/Saile,* Internationale Rechnungslegung (IFRS) (2018) 117; *Hirschböck/Kerschbaumer/Schurbohm,* IFRS für Führungskräfte³ (2017) 35.

Nachträgliche Herstellungsaufwendungen machen somit analog zum Unternehmensrecht auch im Steuerrecht eine Anpassung der künftigen AfA-Beträge notwendig, da diese sowohl Einfluss auf die Abschreibungsbasis als auch auf die (Rest-)Nutzungsdauer des Gebäudes nehmen können.

Gegensätzlich zum UGB ist im Steuerrecht aufgrund differenter Rechtsfolgen jedoch eine Unterteilung von Erhaltungsaufwendungen in Instandsetzungs- und Instandhaltungsaufwendungen vorzunehmen.

Während Aufwendungen die zum steuerlichen Instandhaltungsaufwand gehören, wie der unternehmensrechtliche Erhaltungsaufwand zu behandeln sind und somit sofort und zur Gänze aufwandswirksamen Aufwand darstellen, sieht § 4 Abs 7 EStG für den betrieblichen Bereich eine gleichmäßige Verteilung von Instandsetzungsaufwand über 15 Jahre vor. Dies gilt allerdings nur für Gebäude, die zu Wohnzwecken an fremde Dritte vermietet werden. Wird das Gebäude anderweitig verwendet, ist der Instandsetzungsaufwand (wie der Instandhaltungsaufwand) im Jahr der Durchführung der Baumaßnahme zur Gänze aufwandswirksam.[250] Damit ist eine Unterscheidung zwischen Instandsetzungs- und Instandhaltungsaufwand für den Bilanzierenden nur im Rahmen einer Wohnraumvermietung an fremde Dritte relevant.

2.3. Baumaßnahmen und außerplanmäßige Abschreibung im UGB

Gebäude unterliegen neben der planmäßigen Abschreibung auch den Bestimmungen zur außerplanmäßigen Abschreibung von § 204 Abs 2 UGB. Demnach ist eine außerplanmäßige Abschreibung dann vorzunehmen, wenn der beizulegende Wert des Gebäudes voraussichtlich während eines erheblichen Teils der Restnutzungsdauer unter seinem fortgeschriebenen Buchwert nach Abschreibungsplan liegt. Als Ursachen einer solchen Wertminderungen kommen Katastrophen, wie Brand oder Explosion, Fehlinvestitionen, technischer Fortschritt oder überhöhte Anschaffungs- bzw Herstellungskosten in Betracht.[251]

Daneben können aber auch unterlassene Erhaltungsmaßnahmen zu einer dauerhaften Wertminderung des Gebäudes führen und so die verpflichtende Vornahme einer außerplanmäßigen

---

[250] Vgl *Marschner* in *Kanduth-Kristen et al* (Hrsg), Jakom EStG[13] (2020) § 4 Rz 371; *Fritz-Schmied/Urnik,* Die Abgrenzung von Herstellungs- und Erhaltungsaufwand für (Miet-)Gebäude in unternehmens- und steuerrechtlicher Hinsicht: Status Quo und Überlegungen zur Vereinheitlichung, in *Urnik/Fritz-Schmied* (Hrsg), Jahrbuch Bilanzsteuerrecht 2018 (2018) 80; *Urnik/Kandler,* Die steuerliche Behandlung von Wertminderungen bei Grundstücken nach dem StRefG 2015/2016: systematische Betrachtung, Problembereiche und verbleibende Spielräume, in *Urnik/Fritz-Schmied* (Hrsg), Jahrbuch Bilanzsteuerrecht 2016 (2016) 59.

[251] Vgl *Papst/Urnik/Urtz* in *Straube/Ratka/Rauter* (Hrsg), UGB. Wiener Kommentar, Band II[3] (2017) § 204 Rz 17 und 23; *Janschek/Jung* in *Hirschler* (Hrsg), Bilanzrecht I[2] (2019) § 204 Rz 54 und 62.

Abschreibung auslösen. Dies ist bspw dann der Fall, wenn im Laufe der Nutzung technische Mängel an einem Gebäude auftreten, die nicht durch Sanierungsmaßnahmen behoben werden und so der beizulegende Wert des Gebäudes dauerhaft unter dessen Buchwert fällt.[252]

Umgekehrt kann durch die Vornahme von Erhaltungsmaßnahmen eine außerplanmäßige Abschreibung eben dadurch vermieden werden, als dass durch deren Vornahme ein Absinken des beizulegenden Wertes des Gebäudes unter dessen Buchwert verhindert wird.[253] So kann die regelmäßige Durchführung von Wartungsarbeiten dazu beitragen, dass das Gebäude gut erhalten bleibt und somit der beizulegende Wert des Gebäudes dessen fortgeführte Anschaffungs- bzw Herstellungskosten nicht unterschreitet.

Wird ein Gebäude aufgrund von unterlassenen Sanierungsarbeiten oder anderen Wertminderungsgründen außerplanmäßig abgeschrieben, ändert sich dessen planmäßige Abschreibung, da der durch die außerplanmäßige Abschreibung verringerte Buchwert grundsätzlich über die Restnutzungsdauer des Gebäudes zu verteilen ist. Zusätzlich kann die Vornahme einer außerplanmäßigen Abschreibung eine Neuschätzung bzw Verkürzung der Restnutzungsdauer erforderlich machen.[254] Insofern gilt die Vornahme einer außerplanmäßigen Abschreibung als Indiz dafür, die Restnutzungsdauer kritisch zu hinterfragen.[255]

Da Herstellungsaufwendungen, die an einem bestehenden Gebäude getätigt werden, stets mit einem entsprechenden Anstieg des Wertansatzes vom Gebäude einhergehen, ist eine nachfolgende außerplanmäßige Abschreibung des Gebäudes auch dann erforderlich, wenn der tatsächliche Wertzuwachs geringer als die angefallenen Herstellungsaufwendungen ausfällt und diese Differenz ungeachtet der planmäßigen Abschreibung dauerhaft bestehen bleibt.[256]

Beispiel: Werden an einem bestehenden Gebäude (BW 1.000) Herstellungsaufwand auslösende Baumaßnahmen über 300 getätigt und beträgt der beizulegende Wert des Gebäudes nach

[252] Vgl *Fritz-Schmied/Kanduth-Kristen* in *Kanduth-Kristen/Fritz-Schmied* (Hrsg), Bilanzposten-Kommentar (2017) AP A.II.1. Rz 89.

[253] Vgl *Fritz-Schmied/Urnik,* Die Abgrenzung von Herstellungs- und Erhaltungsaufwand für (Miet-)Gebäude in unternehmens- und steuerrechtlicher Hinsicht: Status Quo und Überlegungen zur Vereinheitlichung, in *Urnik/Fritz-Schmied* (Hrsg), Jahrbuch Bilanzsteuerrecht 2018 (2018) 69.

[254] Vgl *Fritz-Schmied/Kanduth-Kristen* in *Kanduth-Kristen/Fritz-Schmied* (Hrsg), Bilanzposten-Kommentar (2017) AP A.II.1. Rz 89; *Janschek/Jung* in *Hirschler* (Hrsg), Bilanzrecht I² (2019) § 204 Rz 46; *Papst/Urnik/Urtz* in *Straube/Ratka/Rauter* (Hrsg), UGB. Wiener Kommentar, Band II³ (2017) § 204 Rz 14.

[255] Vgl *Moser,* Änderung der Nutzungsdauer des Anlagevermögens, SWK 2010 H 14/15, 517.

[256] Vgl *Fritz-Schmied/Urnik,* Die Abgrenzung von Herstellungs- und Erhaltungsaufwand für (Miet-)Gebäude in unternehmens- und steuerrechtlicher Hinsicht: Status Quo und Überlegungen zur Vereinheitlichung, in *Urnik/Fritz-Schmied* (Hrsg), Jahrbuch Bilanzsteuerrecht 2018 (2018) 69.

Durchführung der Baumaßnahme bloß 1.280, ist eine außerplanmäßige Abschreibung über 20 vorzunehmen, wenn diese Differenz trotz planmäßiger Abschreibung bestehen bleibt.

Wurde an einem Gebäude in der Vergangenheit eine außerplanmäßige Abschreibung aufgrund unterlassener Erhaltungsarbeiten vorgenommen, können Erhaltungsmaßnahmen auch eine erfolgswirksame Zuschreibung indizieren, wenn der beizulegende Wert des Objektes durch die baulichen Maßnahmen steigt.[257] Folgt man der überwiegend vertretenen Meinung, dass für eine Zuschreibung keine Identität der Gründe erforderlich ist, können Erhaltungsmaßnahmen auch dann eine Zuschreibung bewirken, wenn die vorangegangene außerplanmäßige Abschreibung aufgrund anderer Ursachen erfolgt ist.

Da eine Zuschreibung jedoch nur nach einer vormals erfolgten außerplanmäßigen Abschreibung möglich ist, kann ein Erhaltungsaufwand ohne vorangehender außerplanmäßiger Abschreibung niemals eine Zuschreibung beim Gebäude auslösen.[258]

Durch eine Zuschreibung ändert sich die Höhe der nachfolgenden planmäßigen Abschreibung des Gebäudes, da der Zuschreibungsbetrag gemeinsam mit dem aktuellen Buchwert des Gebäudes über dessen Restnutzungsdauer abzuschreiben ist. Es muss daher ein neuer, korrigierter Abschreibungsplan aufgestellt werden.[259] Eine Zuschreibung ist nicht notwendigerweise mit einer Verlängerung der Nutzungsdauer verbunden, doch kann sich im Zuge der Wertaufholung ergeben, dass ein Gebäude länger als geplant genutzt werden kann.[260] In diesem Fall spricht das Vermeiden von stillen Reserven sowie die erforderliche Vermittlung eines möglichst getreuen Bildes der Vermögens-, Finanz- und Ertragslage des Unternehmens für eine verpflichtende Verlängerung der Nutzungsdauer im Abschreibungsplan.[261]

Wurde die Durchführung notwendiger Instandhaltungsarbeiten unterlassen und somit eine Wertminderung des Gebäudes ausgelöst, kann neben dem Tatbestand einer außerplanmäßigen

---

[257] Vgl *Fritz-Schmied/Urnik,* Die Abgrenzung von Herstellungs- und Erhaltungsaufwand für (Miet-)Gebäude in unternehmens- und steuerrechtlicher Hinsicht: Status Quo und Überlegungen zur Vereinheitlichung, in *Urnik/Fritz-Schmied* (Hrsg), Jahrbuch Bilanzsteuerrecht 2018 (2018) 69.

[258] Vgl *Dieter/Hohensinner* in *Zib/Dellinger* (Hrsg), UGB. Großkommentar, Band III – Teil 1 (2013) § 208 Rz 8; *Eberhartinger/Amberger* in *Hirschler* (Hrsg), Bilanzrecht I² (2019) § 208 Rz 12.

[259] Vgl *Fritz-Schmied/Kanduth-Kristen* in *Kanduth-Kristen/Fritz-Schmied* (Hrsg), Bilanzposten-Kommentar (2017) AP A.II.1. Rz 91; *Loser/Urnik/Urtz* in *Straube/Ratka/Rauter* (Hrsg), UGB. Wiener Kommentar, Band II³ (2017) § 208 Rz 23.

[260] Vgl *Moser,* Änderung der Nutzungsdauer des Anlagevermögens, SWK 2010 H 14/15, 517.

[261] Vgl *Winter et al,* Änderung der Nutzungsdauer von Vermögensgegenständen und die damit einhergehenden bilanziellen und ertragssteuerlichen Konsequenzen, RWP 2017 H 3, 71; *Bertl/Deutsch-Goldoni/Hirschler,* Buchhaltungs- und Bilanzierungshandbuch[11] (2019) 439f.

Abschreibung auch der Tatbestand einer Aufwandsrückstellung nach § 198 Abs 8 Z 2 UGB erfüllt sein. Die hM geht allerdings von einer Vorrangigkeit der außerplanmäßigen Abschreibung aus und lässt die Bildung einer Rückstellung grundsätzlich nur dann zu, wenn das betreffende Vermögen bereits vollständig abgeschrieben ist, nicht bilanzierungsfähig ist oder einem Bilanzierungsverbot unterliegt. Da Gebäude sowohl bilanzierungsfähig sind als auch keinem Bilanzierungsverbot unterliegen, wäre eine Aufwandsrückstellung für in der Vergangenheit unterlassene Erhaltungsmaßnahmen nur bei einem bereits vollständig abgeschriebenen Gebäude denkbar. Rückstellungen dürfen somit nicht anstelle von planmäßigen oder außerplanmäßigen Abschreibungen gebildet werden.[262]

Für in der Zukunft gelegene notwendige Erhaltungsmaßnahmen, die keine Aktivierung beim Gebäude auslösen, ist die Bildung einer freiwilligen Aufwandsrückstellung im UGB hingegen erlaubt, wenn deren Verursachung dem laufenden oder einem früheren Geschäftsjahr zuzuordnen ist. Demnach dürfen Rückstellungen zwar für künftige Erhaltungsaufwendungen, nicht jedoch für künftige aktivierungspflichtige Herstellungsaufwendungen gebildet werden.[263]

Durch die Bildung solcher Aufwandsrückstellungen kann im UGB eine Ergebnisglättung[264] erreicht werden, indem künftiger Erhaltungsaufwand aufwandsmäßig über mehrere Perioden verteilt angesammelt wird. Wird die Entscheidung zur Bildung einer Aufwandsrückstellung einmal getroffen, ist diese aufgrund des Stetigkeitsgebotes von § 201 Abs 2 Z 1 UGB grundsätzlich beizubehalten.[265]

---

262 Vgl *Hilber* in *Torggler* (Hrsg), UGB^3 (2019) § 198 Rz 66; *Konezny* in *Hirschler* (Hrsg), Bilanzrecht I^2 (2019) § 198 Rz 123.

263 Vgl *Hilber* in *Torggler* (Hrsg), UGB^3 (2019) § 198 Rz 84 und 87; *Konezny* in *Hirschler* (Hrsg), Bilanzrecht I^2 (2019) § 198 Rz 168f; *Fritz-Schmied/Urnik,* Die Abgrenzung von Herstellungs- und Erhaltungsaufwand für (Miet-)Gebäude in unternehmens- und steuerrechtlicher Hinsicht: Status Quo und Überlegungen zur Vereinheitlichung, in *Urnik/Fritz-Schmied* (Hrsg), Jahrbuch Bilanzsteuerrecht 2018 (2018) 69.

264 Zur Ergebnisglättung durch Rückstellungsbildung für künftigen Erhaltungsaufwand im Detail siehe *Fritz-Schmied/Urnik,* Die Abgrenzung von Herstellungs- und Erhaltungsaufwand für (Miet-)Gebäude in unternehmens- und steuerrechtlicher Hinsicht: Status Quo und Überlegungen zur Vereinheitlichung, in *Urnik/Fritz-Schmied* (Hrsg), Jahrbuch Bilanzsteuerrecht 2018 (2018) 69ff.

265 Vgl *Fritz-Schmied/Urnik,* Die Abgrenzung von Herstellungs- und Erhaltungsaufwand für (Miet-)Gebäude in unternehmens- und steuerrechtlicher Hinsicht: Status Quo und Überlegungen zur Vereinheitlichung, in *Urnik/Fritz-Schmied* (Hrsg), Jahrbuch Bilanzsteuerrecht 2018 (2018) 69f; *Hilber* in *Torggler* (Hrsg), UGB^3 (2019) § 198 Rz 79f.

2.4. Baumaßnahmen und außerplanmäßige Abschreibung im EStG

Wie im unternehmensrechtlichen Bereich ist der Einfluss von Herstellungs- und Erhaltungsaufwendungen bei Betriebsgebäuden auch steuerlich auf die verpflichtende Vornahme einer Teilwertabschreibung nach § 6 Z 1 EStG bzw einer AfaA nach § 8 Abs 4 EStG oder einer Zuschreibung nach § 6 Z 13 EStG zu prüfen. Das in § 5 Abs 1 EStG verankerte Maßgeblichkeitsprinzip sowie die steuerlichen Begleitmaßnahmen von § 6 Z 13 EStG bewirken, dass die steuerlichen Wahlrechte für die Abwertung bzw Zuschreibung eines Gebäudes auch im Steuerrecht zwingend werden.[266]

Führen somit Erhaltungsmaßnahmen, ohne die der Vergleichswert des Gebäudes unter dessen Buchwert gesunken wäre, zur Vermeidung einer außerplanmäßigen Abschreibung im UGB, gilt dies auch für die steuerliche Beurteilung. Es ist weder eine Teilwertabschreibung noch eine AfaA beim Gebäude vorzunehmen. Kommt es hingegen aufgrund von unterlassenen Erhaltungsmaßnahmen oder anderer Ursachen zu einer dauerhaften Wertminderung des Gebäudes und somit zu einer außerplanmäßigen Abschreibung im UGB, ist dieser im Steuerrecht in Form einer Teilwertabschreibung bzw AfaA verpflichtend zu folgen.[267]

Erhaltungsaufwendungen, die eine außerplanmäßige Abschreibung verhindern, zählen in rein steuerlicher Betrachtung zu den Instandsetzungsaufwendungen, da durch sie das ursprüngliche Nutzenpotential wiederhergestellt wird. Werden die regelmäßig notwendigen Instandhaltungsaufwendungen nicht vorgenommen, kommt es mit der Zeit zu einer Funktions- oder Nutzenbeeinträchtigung des Gebäudes, welcher mit einer AfaA bzw Teilwertabschreibung zu begegnen ist oder die durch Instandsetzungsaufwendungen korrigiert werden kann. Insofern kann der Instandsetzungsaufwand auch als nachgeholter Instandhaltungsaufwand definiert werden, der im Anwendungsbereich von § 4 Abs 7 EStG eine Schlechterstellung (weil Verteilungspflicht über 15 Jahre) gegenüber dem sofort abziehbaren Instandhaltungsaufwand bereithält.[268] Daher ist es aus rein steuerlicher

---

[266] Vgl *Fritz-Schmied/Urnik,* Die Abgrenzung von Herstellungs- und Erhaltungsaufwand für (Miet-)Gebäude in unternehmens- und steuerrechtlicher Hinsicht: Status Quo und Überlegungen zur Vereinheitlichung, in *Urnik/Fritz-Schmied* (Hrsg), Jahrbuch Bilanzsteuerrecht 2018 (2018) 81; *Hirschler/Rohner,* Besondere Bewertungsvorschriften, in *Bertl/Hirschler* (Hrsg), Handbuch der österreichischen Steuerlehre, Band II^3 (2016) 168.

[267] Vgl *Fritz-Schmied/Urnik,* Die Abgrenzung von Herstellungs- und Erhaltungsaufwand für (Miet-)Gebäude in unternehmens- und steuerrechtlicher Hinsicht: Status Quo und Überlegungen zur Vereinheitlichung, in *Urnik/Fritz-Schmied* (Hrsg), Jahrbuch Bilanzsteuerrecht 2018 (2018) 81.

[268] Vgl *Fritz-Schmied/Urnik,* Die Abgrenzung von Herstellungs- und Erhaltungsaufwand für (Miet-)Gebäude in unternehmens- und steuerrechtlicher Hinsicht: Status Quo und Überlegungen zur Vereinheitlichung, in *Urnik/Fritz-Schmied* (Hrsg), Jahrbuch Bilanzsteuerrecht 2018 (2018) 115; *Beiser,* Wirtschaftsgut und Nutzenpotenzial markieren die Grenzlinie zwischen Erhaltung und Herstellung, ÖStZ 2009 H 1/2, 7.

Sicht ratsam, notwendige Instandhaltungsarbeiten an Gebäuden regelmäßig vorzunehmen, da so unter Umständen eine Aufwandsverteilungspflicht umgangen werden kann.

Die Maßgeblichkeit des UGB gilt auch, wenn Herstellungsaufwendungen getätigt werden und der damit verbundene Wertzuwachs geringer ausfällt als die aktivierten Herstellungskosten und diese Differenz ungeachtet der planmäßigen AfA dauerhaft bestehen bleibt.[269] Der außerplanmäßigen Abschreibung ist somit auch steuerlich zu folgen und mit einer AfaA bzw Teilwertabschreibung zu begegnen.

Bei der Höhe der Teilwertabschreibung können sich bei Gebäuden allerdings Unterschiede zur außerplanmäßigen Abschreibung ergeben. Zwar entspricht der Teilwert als Vergleichswert im Steuerrecht grundsätzlich dem unternehmensrechtlich relevanten beizulegenden Wert, es sind jedoch einerseits unterschiedliche Buchwertentwicklungen aufgrund von unterschiedlichen Abschreibungssätzen (§ 8 Abs 1 EStG sieht feste AfA-Sätze für Gebäude vor) denkbar, andererseits ist in § 6 Z 2 lit d EStG eine Einschränkung der Abzugsfähigkeit von Wertverlusten bzw Teilwertabschreibungen von Grundstücken (und somit auch Gebäuden) vorgesehen.[270] Diese sind vorrangig mit positiven Einkünften aus der Veräußerung oder Zuschreibung von Grundstücken desselben Betriebes zu verrechnen. Ein verbleibender negativer Überhang kann anschließend nur zu 60 % ausgeglichen werden.[271] Der Betrag der Teilwertabschreibung kann somit vom Betrag der außerplanmäßigen Abschreibung abweichen. Eine Abschreibung unter den Vergleichswert (Teilwert bzw beizulegender Wert) ist für Gewinnermittler nach § 5 Abs 1 EStG allerdings weder im UGB noch im EStG erlaubt.[272]

Die Maßgeblichkeit des UGB gilt schließlich auch im Rahmen einer durch Erhaltungsmaßnahmen ausgelösten Zuschreibung, wenn an einem Gebäude vormalig eine außerplanmäßige Abschreibung vorgenommen wurde, die auch steuerlich vollzogen wurde. Nicht abschließend geklärt ist, wie sich der steuerliche Zuschreibungsbetrag bemisst, wenn der unternehmensrechtliche vom steuerlichen Wertansatz (zB aufgrund unterschiedlicher Abschreibungssätze) abweicht. Nach hM hat bei der

---

[269] Vgl *Fritz-Schmied/Urnik,* Die Abgrenzung von Herstellungs- und Erhaltungsaufwand für (Miet-)Gebäude in unternehmens- und steuerrechtlicher Hinsicht: Status Quo und Überlegungen zur Vereinheitlichung, in *Urnik/Fritz-Schmied* (Hrsg), Jahrbuch Bilanzsteuerrecht 2018 (2018) 81.

[270] Vgl *Fritz-Schmied/Urnik,* Die Abgrenzung von Herstellungs- und Erhaltungsaufwand für (Miet-)Gebäude in unternehmens- und steuerrechtlicher Hinsicht: Status Quo und Überlegungen zur Vereinheitlichung, in *Urnik/Fritz-Schmied* (Hrsg), Jahrbuch Bilanzsteuerrecht 2018 (2018) 81.

[271] Vgl *Laudacher* in *Kanduth-Kristen et al* (Hrsg), Jakom EStG[13] (2020) § 6 Rz 100.

[272] Vgl *Hirschler/Rohner,* Besondere Bewertungsvorschriften, in *Bertl/Hirschler* (Hrsg), Handbuch der österreichischen Steuerlehre, Band II[3] (2016) 168; *Kubat* in *Bertl/Mandl* (Hrsg), Handbuch zum Rechnungslegungsgesetz[21] (2017) § 204 Abs 1 – 2 Rz 22.

Bemessung des steuerlichen Zuschreibungsbetrages eine Gegenüberstellung von unternehmensrechtlichem und steuerlichem Buchwert zu erfolgen. Dabei ist der steuerwirksame Zuschreibungsbetrag mit der Höhe des steuerlichen (Rest-)Buchwertes begrenzt. Somit kann der steuerliche Zuschreibungsbetrag vom unternehmensrechtlichen abweichen. Der steuerliche Ertrag aus der Zuschreibung unterliegt dabei dem besonderen Steuersatz gem § 30a Abs 1 EStG.[273]

Gegenteilig zum UGB ist die Bildung einer Aufwandsrückstellung aufgrund der taxativen Aufzählung der Rückstellungen in § 9 EStG steuerlich nicht erlaubt, wodurch die Möglichkeit zur aufwandswirksamen Erfassung künftiger Erhaltungsaufwendungen im Steuerrecht nicht besteht.[274]

IV. Überlegungen zur Vereinheitlichung von UGB und EStG

1. Grundlagen zur Einheitsbilanz

Unter einer Einheitsbilanz versteht man eine Bilanz, die gleichzeitig für unternehmensrechtliche und steuerliche Zwecke herangezogen werden kann und somit im Ergebnis einer Steuerbilanz entspricht, die zugleich vollständig den unternehmensrechtlichen Vorschriften gerecht wird.[275]

Aus einer Annäherung bzw Vereinheitlichung der unternehmensrechtlichen und steuerlichen Gewinnermittlung wird erwartet, dass die österreichischen Unternehmen von erheblichen Vereinfachungen profitieren, da eine Überleitung der Unternehmens- auf die Steuerbilanz oftmals mit großem Aufwand verbunden ist. Ferner würden sich niedrigere Erstellungskosten des Jahresabschlusses ergeben, weil sich Unternehmen nur noch an einem Regelwerk orientieren müssten. Somit soll sich eine mögliche Einheitsbilanz nicht zuletzt in einer Reduzierung der Verwaltungskosten insb für Klein- und Mittelunternehmen niederschlagen.[276]

---

[273] Vgl *Loser/Urnik/Urtz* in *Straube/Ratka/Rauter* (Hrsg), UGB. Wiener Kommentar, Band II³ (2017) § 208 Rz 19/2; *Eberhartinger/Amberger* in *Hirschler* (Hrsg), Bilanzrecht I² (2019) § 208 Rz 124; *Mayr* in *Doralt et al* (Hrsg), EStG²¹ (2020) § 6 Rz 430; *Laudacher* in *Kanduth-Kristen et al* (Hrsg), Jakom EStG¹³ (2020) § 6 Rz 202; *Fritz-Schmied/Kanduth-Kristen,* Wertaufholung im Unternehmensrecht und Maßgeblichkeit gemäß § 6 Z 13 EStG – Geltung dem Grunde und der Höhe nach, RWZ 2016 H 11, 356; *Fritz-Schmied/Urnik,* Die Abgrenzung von Herstellungs- und Erhaltungsaufwand für (Miet-)Gebäude in unternehmens- und steuerrechtlicher Hinsicht: Status Quo und Überlegungen zur Vereinheitlichung, in *Urnik/Fritz-Schmied* (Hrsg), Jahrbuch Bilanzsteuerrecht 2018 (2018) 81.

[274] Vgl *Fraberger/Petritz/Wytrzens,* Maßgeblichkeitsprinzip, in *Bertl/Hirschler* (Hrsg), Handbuch der österreichischen Steuerlehre, Band II³ (2016) 98; *Laudacher* in *Kanduth-Kristen et al* (Hrsg), Jakom EStG¹³ (2020) § 9 Rz 63.

[275] Vgl *Kirchmayr/Achatz,* Der lange Weg zur Einheitsbilanz, taxlex 2015 H 3, 81.

[276] Vgl *Rohatschek/Broidl,* Einheitsbilanz – (k)ein erstrebenswertes Ziel? SWK 2018 H 27, 1190; *Hirschler,* Einheitsbilanz: Implikationen für das Steuerrecht, RWZ 2015 H 7/8, 213.

Aus der Sicht des Fiskus soll mittels einheitlicher Bilanzierung eine Gleichbehandlung bei der Ausschüttung mit den Anteilseignern des Unternehmens erreicht werden. Da das unternehmensrechtliche Ergebnis nach hM die am besten geeignetste Ausschüttungsbemessungsgrundlage darstellt, wird zum Teil gefordert, dass auch der Staat an diesem Ergebnis partizipieren soll. Außerdem könnte sich für den Gesetzgeber durch einen generellen Verweis auf die Vorschriften des UGB eine Verwaltungsvereinfachung ergeben. Als weiterer Vorteil der Einheitsbilanz wird eine größere Verlässlichkeit der im Jahresabschluss ausgewiesenen Zahlen erwartet, da die Steuerbilanz von der Finanzbehörde geprüft wird, die UGB-Bilanzen kleinerer Unternehmen häufig jedoch keiner regelmäßigen Prüfung unterliegen.[277]

Zuletzt wurden mit dem RÄG 2014 einige Unterschiede zwischen unternehmensrechtlicher und steuerlicher Gewinnermittlung beseitigt, indem das UGB an gewissen Stellen an die steuerbilanziellen Standards angepasst wurde. So wurde unter anderem der beizulegende Wert der Legaldefinition des steuerlichen Teilwertes angepasst. Im Rahmen der Herstellungskosten wurde die verpflichtende Aktivierung variabler und fixer Gemeinkosten auch für das Unternehmensrecht festgelegt.[278]

Dennoch bestehen nach wie vor, wie in der vorliegenden Masterarbeit ersichtlich, an vielen Stellen teils erhebliche Abweichungen zwischen UGB und EStG, womit das Erreichen einer Einheitsbilanz noch in weiter Ferne ist. Kritisch zu hinterfragen ist, ob eine solche Einheitsbilanz überhaupt ein erstrebenswertes und erreichbares Ziel darstellt.[279] Im Vordergrund steht dabei die grundsätzliche Überlegung, ob die unterschiedlichen Zielsetzungen von Unternehmens- und Steuerbilanz miteinander vereinbar sind. Die unternehmensrechtliche Bilanzierung ist insb durch Einhaltung des Vorsichtsprinzips auf eine möglichst getreue Vermittlung der Vermögens-, Finanz- und Ertragslage fokussiert. Der Jahresabschluss hat somit neben der Ausschüttungsfunktion auch Informationsfunktionen gegenüber den Stakeholdern des Unternehmens zu erfüllen. Demgegenüber steht bei der Steuerbilanz die periodenreine Gewinnermittlung und das damit verbundene Leistungsfähigkeitsprinzip im Vordergrund.[280]

---

[277] Vgl *Rohatschek/Broidl,* Einheitsbilanz – (k)ein erstrebenswertes Ziel? SWK 2018 H 27, 1191; *Hirschler,* Einheitsbilanz: Implikationen für das Steuerrecht, RWZ 2015 H 7/8, 213.

[278] Vgl *Kirchmayr/Achatz,* Der lange Weg zur Einheitsbilanz, taxlex 2015 H 3, 81; *Orlet,* Die schrittweise Annäherung des UGB an das EStG?, ÖStZ 2016 H 24, 694.

[279] Vgl *Kirchmayr/Achatz,* Der lange Weg zur Einheitsbilanz, taxlex 2015 H 3, 81.

[280] Vgl *Rohatschek/Broidl,* Einheitsbilanz – (k)ein erstrebenswertes Ziel? SWK 2018 H 27, 1191f; *Lindbauer,* Die Einheitsbilanz aus unternehmensrechtlicher Sicht, RWZ 2015 H 7/8, 219.

Sollen nun zugunsten einer Einheitsbilanz Kompromisse zwischen den Vorschriften des UGB und EStG geschlossen werden, ist davon auszugehen, dass bestehende Wahlrechte nicht im Sinne einer möglichst getreuen Vermittlung der Vermögens-, Finanz- und Ertragslage ausgeübt werden, da zur Erzielung eines möglichst steuerschonenden Ergebnisses regelmäßig Verzerrungen in der Vermögens-, Finanz- und Ertragslage hingenommen werden müssten. Dies würde die Informationsbasis der Stakeholder eines Unternehmens häufig einschränken. Zudem würde eine umfassende Annäherung zwischen UGB und EStG dazu beitragen, dass die Harmonisierungsbestrebungen von Jahresabschlüssen innerhalb der EU zusätzlich erschwert werden.[281]

Auch der VwGH betont in seiner jüngeren Rechtsprechung oftmals die eigenständige steuerliche Begriffsbildung und sorgt dadurch für weitere Durchbrechungstatbestände, wodurch das Erreichen einer Einheitsbilanz zusätzlich verkompliziert wird. Darauf basierend wird von der Literatur zunehmend gefordert, dass dem Streben nach einer Einheitsbilanz zwei gänzlich getrennte Bilanzen vorzuziehen sind, welche im Zeitalter der EDV unproblematisch aus den in der Buchhaltung erfassten Daten abgeleitet werden könnten. Eine solche Vorgehensweise lässt sich bei internationaler Betrachtung unter anderem in den Niederlanden, Großbritannien, Irland und den USA beobachten. Bei einer vollständigen Loslösung der Steuerbilanz von der Unternehmensbilanz würde sich jedoch das Problem ergeben, dass all jene steuerbilanziellen Vorschriften neu kodifiziert werden müssten, die derzeit über die Maßgeblichkeit des Unternehmensrecht im Steuerrecht Einzug finden.[282]

Weiters müsste die Zuständigkeit der verantwortlichen Gerichte geklärt werden. Während bei einer Einheitsbilanz im engeren Sinne die Finanzbehörden und Verwaltungsgerichte in Steuerangelegenheiten – in letzter Instanz der VwGH – über die Korrektheit der Unternehmensbilanz zu entscheiden hätten, ist für dieselben Sachverhalte bei strafrechtlichen und zivilrechtlichen Fragestellungen in letzter Instanz der OGH verantwortlich.[283]

Am Ende ist es eine politische Frage, in welchem Ausmaß eine Annäherung zwischen UGB und EStG stattfinden soll. Im Fall einer Vereinheitlichung müsste jedenfalls gewährleistet werden, dass die unternehmensrechtlichen Zielsetzungen mit deren europarechtlichem Hintergrund auch bei der

---

[281] Vgl *Rohatschek/Broidl,* Einheitsbilanz – (k)ein erstrebenswertes Ziel? SWK 2018 H 27, 1191f; *Lindbauer,* Die Einheitsbilanz aus unternehmensrechtlicher Sicht, RWZ 2015 H 7/8, 219.

[282] Vgl *Fraberger/Petritz/Wytrzens,* Maßgeblichkeitsprinzip, in *Bertl/Hirschler* (Hrsg), Handbuch der österreichischen Steuerlehre, Band II[3] (2016) 103; *Egger,* Einheitsbilanz in Österreich: Steuerrecht versus UGB unter besonderer Berücksichtigung des Maßgeblichkeitsprinzips, in *Bertl et al* (Hrsg), Bilanzpolitik – Wiener Bilanzrechtstage 2012 (2013) 95ff.

[283] Vgl *Rohatschek/Broidl,* Einheitsbilanz – (k)ein erstrebenswertes Ziel? SWK 2018 H 27, 1192; *Lindbauer,* Die Einheitsbilanz aus unternehmensrechtlicher Sicht, RWZ 2015 H 7/8, 220.

Einheitsbilanz Beachtung finden. Sonst besteht die Gefahr, dass eine vereinheitlichte Bilanz den Vorgaben der Bilanzrichtlinie nicht gerecht wird.[284]

Aufgrund der Tatsache, dass die Diskussionen um eine Einheitsbilanz schon seit Jahrzehnten andauern, kann vermutet werden, dass diese unter gegebenen Umständen wohl nicht erreichbar ist und somit auch andere Konzepte zur Vereinfachung der Bilanzierung diskutierbar sind.[285]

Dennoch kann nach einem Teil der Lehre eine weitgehende Angleichung zwischen Unternehmens- und Steuerbilanz erreicht werden, ohne dass die unterschiedlichen Zielsetzungen von UGB und EStG gefährdet werden. Daher könne man die Einheitsbilanz als eine Zielvorstellung betrachten, die angestrebt werden sollte, auch wenn diese nicht zu 100 % erreicht werden kann.[286] Einen wesentlichen Beitrag dazu könnte die angestrebte Neukodifikation des EStG und dabei eine Neugestaltung des Maßgeblichkeitsverweises des EStG auf die Vorschriften des UGB sowie dessen Ausnahmen leisten.[287]

Im Zuge der (während der Entstehung der vorliegenden Masterarbeit aktuellen) COVID-19 Pandemie und der damit verbundenen Wirtschaftskrise wurden von der österreichischen Bundesregierung in Rahmen des KonStG 2020 verschiedene Maßnahme beschlossen, welche zu einer Erholung der stark eingebrochenen Konjunktur beitragen sollen. Diese betreffen zum Teil auch die steuerliche Behandlung von Grundstücken und wären damit auch für die vorliegende Masterarbeit relevant. So beträgt unter anderem die AfA künftig bei nach dem 30. Juni 2020 angeschafften oder hergestellten Gebäuden im Jahr der erstmaligen Berücksichtigung das Dreifache und im darauffolgenden Jahr das Doppelte des üblichen AfA-Prozentsatzes. Die Bestimmung der Halbjahres-AfA gem § 7 Abs 2 EStG für Anschaffungen bzw Herstellungen in der zweiten Jahreshälfte gelangen dabei nicht zur Anwendung.[288]

---

[284] Vgl *Fraberger/Petritz/Wytrzens,* Maßgeblichkeitsprinzip, in *Bertl/Hirschler* (Hrsg), Handbuch der österreichischen Steuerlehre, Band II[3] (2016) 103; *Lindbauer,* Die Einheitsbilanz aus unternehmensrechtlicher Sicht, RWZ 2015 H 7/8, 220.

[285] Vgl *Rohatschek/Broidl,* Einheitsbilanz – (k)ein erstrebenswertes Ziel? SWK 2018 H 27, 1194.

[286] Vgl *Hirschler,* Einheitsbilanz: Implikationen für das Steuerrecht, RWZ 2015 H 7/8, 213.

[287] Vgl *Orlet,* Die schrittweise Annäherung des UGB an das EStG?, ÖStZ 2016, H 24 690; *Hirschler,* Einheitsbilanz: Implikationen für das Steuerrecht, RWZ 2015 H 7/8, 213f.

[288] Vgl *PwC,* Änderungen bei Konjunkturstärkungsgesetz und Investitionsprämiengesetz durch Regierungsvorlage, online unter: https://steuernachrichten.pwc.at/blog/2020/07/02/aenderungen-bei-konjunkturstaerkungsgesetz-und-investitionspraemiengesetz-durch-regierungsvorlage/ (2.8.2020); *oV*, Das Konjunkturstärkungsgesetz 2020 (KonStG 2020), Investitionsprämiengesetz (InvPrG) sowie Änderung des Umsatzsteuergesetzes wurde im Nationalrat beschlossen, online unter: https://steuerundservice.at/service/detail/news/das-konjunkturstaerkungsgesetz-2020-konstg-2020-investitionspraemiengesetz-invprg-sowie-aenderu/?tx_news_pi1%5Bcontroller%5D=News&tx_news_pi1%5Baction%5D=detail&cHash=fb38f8bfe8b9d5585d299b057c9ad3cf (2.8.2020).

Solche Maßnahmen zur Konjunkturerholung sind aus der Sicht des Steuerpflichtigen zwar begrüßenswert, tragen jedoch zu einer weiteren Auseinanderentwicklung zwischen Unternehmens- und Steuerbilanz bei und stehen so einer zukünftigen Realisierbarkeit der Einheitsbilanz zusätzlich entgegen.

2. Möglichkeiten zur einheitlichen Behandlung von baulichen Veränderungen

Auch wenn die Umsetzung einer vollständiger Einheitsbilanz unter aktuellen Umständen und vermutlich auch zukünftig nicht erreichbar ist, sollte sich dennoch um eine weitere Annäherung der Unternehmens- und Steuerbilanz bemüht werden, da sich so für den Bilanzierenden wesentliche Vereinfachungen ergeben können. Im Folgenden sollen Überlegungen angestellt werden, wie eine solche möglichst weitgreifende Vereinheitlichung im Rahmen von baulichen Veränderungen an Betriebsgebäuden erreicht werden kann und was es dabei zu beachten gilt.

In einem ersten Schritt ist als Annäherungsoption eine vollständige Angleichung der Berechnung der Herstellungskosten zu nennen. Nachdem die unternehmensrechtlichen und steuerlichen Herstellungskosten seit der verpflichtenden Aktivierung angemessener Teile der Material- und Fertigungsgemeinkosten im UGB weitgehend übereinstimmen, sollten auch die noch bestehenden Unterschiede vollständig aufgehoben werden. So könnte die Berechnung der Herstellungskosten auch im UGB nur nach Istkosten erfolgen dürfen. Weiters sollte im Rahmen der Herstellungskosten eine Angleichung der Behandlung von Subventionen angestrebt werden. Hier könnte für das UGB eine Übernahme der im EStG zwingend anzuwendenden Nettomethode vorgeschlagen werden. Um dem niedrigeren Informationsgehalt gegenüber der Bruttomethode entgegenzuwirken, ist zumindest bei Kapitalgesellschaften eine verpflichtende detaillierte Angabe über erhaltene Subventionen im Anhang des UGB-Jahresabschlusses denkbar.

Hinsichtlich der Folgebewertung von Betriebsgebäuden wird das Maßgeblichkeitsprinzip vielfach durch steuerliche Sonderbestimmungen durchbrochen, wodurch sich weitaus keine Übereinstimmung zwischen UGB und EStG erkennen lässt. In diesem Kontext lassen sich einige Vorschläge anbringen, deren Umsetzung eine Annäherung zwischen UGB und EStG bewirken würde.

Während im UGB verschiedene Abschreibungsmethoden denkbar sind, ist im EStG nur die lineare Abschreibung erlaubt. Eine Angleichung könnte hierbei bewirkt werden, indem der Katalog der steuerlichen Abschreibungsmethoden erweitert bzw vom UGB übernommen wird. Dabei wäre es auch denkbar, dass in steuerlicher Hinsicht, je nach Wirtschaftsgut, unterschiedliche

Abschreibungsmethoden zugelassen werden. Bezogen auf Betriebsgebäude lassen sich neben der lineare Abschreibung insb auch Argumente für eine degressive Abschreibungsmethode anbringen. Dies vor allem dann, wenn die Erhaltungsaufwendungen des Gebäudes während der Nutzungsdauer ansteigen. Die Tatsache, dass im Rahmen der COVID-19 Konjunkturstärkungsmaßnahmen neben der linearen Abschreibung auch degressive Abschreibungsmethoden steuerlich zulässig werden, lässt auf eine grundsätzliche Bereitschaft des Steuergesetzgebers schließen, vom Festhalten an der linearen Zeitabschreibung als einzig zulässige steuerliche Abschreibungsmethode abzusehen. Ansonsten sollte die Halbjahresregel von § 7 Abs 2 EStG auch im UGB verpflichtend übernommen werden, da diese ohnehin meist bereits bei der unternehmensrechtlichen Bilanzierung berücksichtig wird.

Bei der Nutzungsdauer von Gebäuden ließe sich dadurch eine Übereinstimmung erzielen, als dass die in § 8 Abs 1 EStG festgelegten Nutzungsdauern von Gebäuden über 40 Jahre (AfA-Satz 2,5 %) bzw 66,6 Jahre (AfA-Satz 1,5 %) verpflichtend ins Unternehmensrecht übernommen werden, wobei von Teilen der Lehre die Anwendung des im außerbetrieblichen Bereich standardisierten AfA-Satzes von 1,5 % vorgeschlagen wird.[289] Dabei sollte es im Rahmen beider Gesetze möglich sein, durch das Vorlegen eines Gutachtens von einem Sachverständigen oder anderer Beweisformen, einheitlich von der standardisierten Nutzungsdauer des Gebäudes abzuweichen.

Zudem sollte ein etwaiger Restwert bzw Schrottwert nur dann zu berücksichtigen sein, wenn dieser eine vom Gesetzgeber festzulegende Wahrscheinlichkeits- und Wesentlichkeitsgrenze überschreitet. Dabei gilt es anzumerken, dass ein Restwert bzw Schrottwert oft nur geschätzt werden kann und so unter Umständen bilanzpolitisches Gestaltungspotential bietet. Bezüglich dem Beginn der Abschreibung könnte aufgrund des insb bei Gebäuden relevanten nutzungsunabhängigen Wertverlustes ein einheitlicher Beginn mit dem Zeitpunkt der erstmaligen Betriebsbereitschaft angenommen werden.

Gelingt es dem Gesetzgeber, die oben genannten Vorschläge umzusetzen, würden sich auch einige Problemstellungen im Rahmen außerplanmäßiger Wertverluste beim Gebäude auflösen. So könnte grundsätzlich ein Einklang zwischen außerplanmäßiger Abschreibung und Teilwertabschreibung erzielt werden, wenn unternehmensrechtlich und steuerlich eine idente Abschreibungsbasis (Höhe

[289] Vgl *Fritz-Schmied/Urnik,* Die Abgrenzung von Herstellungs- und Erhaltungsaufwand für (Miet-)Gebäude in unternehmens- und steuerrechtlicher Hinsicht: Status Quo und Überlegungen zur Vereinheitlichung, in *Urnik/Fritz-Schmied* (Hrsg), Jahrbuch Bilanzsteuerrecht 2018 (2018) 86.

der Herstellungskosten abzüglich Restwert bzw Schrottwert), Nutzungsdauer, Abschreibungsbeginn sowie Abschreibungsmethode vorliegt. Zu beachten gilt dabei die in § 6 Abs 2 lit d EStG vorgesehen Verlustausgleichsbeschränkung für Teilwertabschreibungen und AfaA von Gebäuden, die mit den unternehmensrechtlichen Bestimmungen vermutlich nicht vereinbar ist und so jedenfalls zu einer Abweichung des Steuerrechts vom Unternehmensrecht führt.

Da bei einer Umsetzung der Vorschläge der unternehmensrechtliche mit dem steuerlichen Wertansatz des Gebäudes übereinstimmen würde, entspräche auch der bei einer Wertaufholung anfallende steuerliche Zuschreibungsbetrag dem unternehmensrechtlichen Zuschreibungsbetrag. Der Zuschreibungsbetrag wäre bei Betriebsgebäuden mit dem besonderen Steuersatz nach § 30aAbs 1 EStG zu versteuern.

Werden an einem Betriebsgebäude bauliche Veränderungen vorgenommen, ist zunächst eine Zugehörigkeit der Baumaßnahmen zum Herstellungsaufwand oder zu den Erhaltungsaufwendungen zu prüfen. Hier können sich aufgrund der nicht übereinstimmenden Definition von Herstellungsaufwand insb im Rahmen von Verbesserungsmaßnahmen an Gebäuden Unterschiede zwischen UGB und EStG ergeben. Mit der Zielsetzung einer möglichst weitgehenden Annäherung an eine Einheitsbilanz, sollte hier eine einheitliche Definition vom Gesetzgeber festgelegt werden. Im Zuge dessen wäre dabei auch darauf zu achten, die oft auftretenden Abgrenzungsschwierigkeiten zwischen Herstellung und Erhaltung zu minimieren.

Bei der Festlegung einer einheitlichen Definition von Herstellungsaufwand könnte eine grundsätzliche Orientierung an dem in § 203 Abs 3 UGB normierten unternehmensrechtlichen Herstellungsaufwand erfolgen, zumal Herstellungsaufwand im EStG nicht eigens definiert wird und lediglich aus dem Begriff Instandsetzungsaufwand abgeleitet werden kann. Dabei würde jedoch das Problem auftreten, dass insb im Rahmen einer wesentlichen Verbesserung häufig Abgrenzungsschwierigkeiten zum Erhaltungsaufwand vorliegen, da der Gesetzgeber den Begriff „wesentliche Verbesserung“ bis dato nicht abschließend definiert hat.

Während nach hM auch jene Baumaßnahmen, die zwar keine Änderung der Funktion bzw Zweckwidmung beim Gebäude bewirken, jedoch zu einer Ertragswertsteigerung des Gebäudes führen, unternehmensrechtlich dem Herstellungsaufwand zuzuordnen sind, fallen diese Aufwendungen in steuerlicher Betrachtung meist in den Anwendungsbereich der Instandsetzungsaufwendungen, sofern bei der Baumaßnahme keine Änderung der Wesensart des Gebäudes bewirkt wird.

Um einer Vereinfachung bzw Vereinheitlichung der beiden Rechtsnormen näherzukommen ist zum einen eine klare Grenze zwischen der herstellungskostenrelevanten wesentlichen Verbesserung und dem sofort aufwandswirksamen Erhaltungsaufwand festzulegen und zum anderen eine im Ergebnis übereinstimmende Behandlung einer unternehmensrechtlich relevanten wesentlichen Verbesserung und der steuerlich maßgebenden Änderung der Wesensart anzustreben. Um eine einheitliche Behandlung baulicher Veränderungen sicherzustellen, müsste eine im UGB herstellungskostenrelevante wesentliche Verbesserung somit im Ergebnis stets auch eine Änderung der Wesensart beim Gebäude bewirken.

Zur Schaffung einer aufwandsbezogenen Gleichstellung, könnte nach einem Teil der Literatur die Interpretation einer herstellungskostenrelevanten Nutzenwertsteigerung unter Bezugnahme auf die unternehmensrechtliche Definition erfolgen. Daraus würde sich ergeben, dass eine Änderung der Wesensart des Gebäudes dahingehend zu interpretieren wäre, dass diese zu einer Erweiterung oder zu einer wesentlichen Verbesserung gegenüber dem ursprünglichen Zustand des Gebäudes führt. Als Anhaltspunkt wird hier eine Nutzenwertsteigerung im Ausmaß von mehr als 25 % (verglichen mit dem Zeitpunkt der Erstbilanzierung) als Maßstab für die Annahme von Herstellungsaufwand vorgeschlagen.

Somit würden im Ergebnis all jene Maßnahmen, die unternehmensrechtlich zu Herstellungsaufwand führen, einen solchen auch im Steuerrecht auslösen. Baumaßnahmen, welche die erforderlichen Kriterien nicht erfüllen, wären dabei zwingend vom Herstellungsaufwand abzugrenzen und dem Erhaltungsaufwand zuzuordnen. Dieser wäre dann lediglich im Steuerrecht zwischen Instandsetzungs- und Instandhaltungsaufwand zu unterteilen, wobei die in § 4 Abs 7 EStG geforderte „Nutzenwertsteigerung“ außerhalb der für den Herstellungsaufwand maßgebenden Nutzenwertsteigerung zu beurteilen wäre. Alternativ könnte die vollständige Aufhebung der in § 4 Abs 7 EStG festgelegten Verteilungspflicht über 15 Jahre für Instandsetzungsaufwendungen bei Gebäuden, die zu Wohnzwecken an Dritte vermietet werden, als Beitrag des Gesetzgebers zur Vereinfachung begrüßt werden.[290]

Werden an einem Gebäude nachträgliche Herstellungsaufwendungen getätigt, stellt sich sowohl in unternehmensrechtlicher als auch in steuerlicher Hinsicht häufig die Frage, ob diese neben einer

[290] Vgl *Fritz-Schmied/Urnik,* Die Abgrenzung von Herstellungs- und Erhaltungsaufwand für (Miet-)Gebäude in unternehmens- und steuerrechtlicher Hinsicht: Status Quo und Überlegungen zur Vereinheitlichung, in *Urnik/Fritz-Schmied* (Hrsg), Jahrbuch Bilanzsteuerrecht 2018 (2018) 85.

Erhöhung der Abschreibungsbasis auch zu einer Verlängerung der Nutzungsdauer führen. Während im UGB eine Verlängerung der Nutzungsdauer nach einem Teil der Lehre wahlweise vorgenommen werden kann, legt die Finanzverwaltung dazu gewisse Kriterien fest, die sich jedoch zum Teil widersprechen und nicht unbedingt nachvollziehbar erscheinen. Auch hier sollte sich der Gesetzgeber um eine einheitliche Gestaltung bemühen, zumal bei den sich widersprechenden Ausführungen der Finanzverwaltung ohnehin Überarbeitungsbedarf besteht.

Dabei lassen sich grundsätzlich - unter Berücksichtigung des Gebots der Einzelbewertung - Argumente für eine einheitliche Behandlung des Gebäudes als Ganzes finden, was eine isolierte Betrachtung von Teilen des Gebäudes wie auch einen komponentenbezogenen Durchgriff auf einzelne unselbstständige Teile des Gebäudes ausschließt. Im Rahmen nachträglicher Herstellungsaufwendungen können sich allerdings Unklarheiten bei der Feststellung einer verlängerten Nutzungsdauer des gesamten Gebäudes ergeben. So können an einzelnen Gebäudeteilen vorgenommene nachträgliche Baumaßnahmen zu einer Verlängerung der Nutzungsdauer des gesamten Gebäudes führen, ohne dass sich dabei die Nutzungsdauer der (von der Baumaßnahme) nicht betroffenen Gebäudeteile tatsächlich verändert. Es wäre somit von wesentlicher Bedeutung, die nachträglichen Herstellungsaufwendungen und deren Einfluss auf die Nutzungsdauer des gesamten Gebäudes zu würdigen und gegebenenfalls einen neuen einheitlichen Abschreibungssatz für das gesamte Gebäude festzulegen.[291] Dabei würden sich bei der Beurteilung der neuen Nutzungsdauer für den Bilanzierenden wohl häufig Ermessenspielräume ergeben, da eine mögliche Verlängerung der Nutzungsdauer bezogen auf das gesamte Gebäude zu schätzen wäre.

Darauf begründet sollte vom österreichischen Gesetzgeber auch die Einführung des, in der internationalen Rechnungslegung anerkannten, Komponentenansatzes geprüft werden. Dadurch würde es zwar zu einer Durchbrechung der Einheitlichkeit des Abschreibungsobjektes kommen, teilweise könnte so jedoch eine bessere Darstellung der tatsächlichen Verhältnisse gewährleistet werden, da wesentliche und selbständig bewertbare Gebäudeteile so einer gesonderten Bewertung zugänglich wären.

Bei einer Umsetzung des Komponentenansatzes könnte eine nachträgliche Zusatzinvestition (zB die Aufstockung eines Gebäudes oder der nachträgliche Einbau eines Fahrstuhls) eigenständig

[291] Vgl *Fritz-Schmied/Urnik,* Die Abgrenzung von Herstellungs- und Erhaltungsaufwand für (Miet-)Gebäude in unternehmens- und steuerrechtlicher Hinsicht: Status Quo und Überlegungen zur Vereinheitlichung, in *Urnik/Fritz-Schmied* (Hrsg), Jahrbuch Bilanzsteuerrecht 2018 (2018) 86.

bewertet und über deren tatsächliche Nutzungsdauer verteilt werden, ohne dass dabei die Nutzungsdauer des restlichen Gebäudes verändert bzw hinterfragt werden müsste. Dies würde regelmäßig eine Vereinfachung für den Bilanzierenden bedeuten, da die Nutzungsdauer einzelner Komponenten oftmals einfacher geschätzt werden kann als die eines gesamten Gebäudes, bei dem bloß an bestimmten Gebäudeteilen bauliche Veränderungen vorgenommen wurden. Andererseits kann hier argumentiert werden, dass ein solcher Komponentenansatz mit einem erhöhten Verwaltungsaufwand verbunden wäre, da jeder wesentliche Bestandteil des Gebäudes gesondert beurteilt werden müsste. Auch aufgrund der zunehmenden Internationalisierung kann dem Komponentenansatz wohl dennoch einiges abgewonnen werden, zumal sich einige Unklarheiten bei der Beurteilung einer Nutzungsdauerverlängerung des Gebäudes auflösen würden.

Eine Änderung der Nutzungsdauer ist auch bei einer unvorhergesehenen Wertminderung des Gebäudes zu prüfen. Während nach hM insb bei der steuerlichen AfaA eine Verkürzung der Nutzungsdauer vorausgesetzt wird, ist eine solche im Rahmen einer außerplanmäßigen Abschreibung nicht zwingend erforderlich, gilt aber als Indiz für die Hinterfragung der bestehenden Nutzungsdauer. Nach einem Teil der Lehre ist die Nutzungsdauer im Fall einer außerplanmäßigen Abschreibung stets neu zu ermitteln bzw ein neuer Abschreibungsplan zu erstellen. Dieser Ansicht kann wohl in weiten Teilen gefolgt werden, da eine Fortsetzung der bisherigen planmäßigen Abschreibung (nach der Vornahme einer außerplanmäßigen Abschreibung) im Ergebnis eine Verkürzung der Nutzungsdauer bewirkt, was nicht immer den tatsächlichen Verhältnissen entsprechen wird.[292] Aus diesem Grund sollte die unvorhergesehene Wertminderung eines Gebäudes stets mit einer Neufestlegung bzw Überprüfung der aktuellen Nutzungsdauer verbunden sein und bei Bedarf im Unternehmens- und Steuerrecht einheitlich angepasst werden.

Als abschließende Maßnahme sollte vom Gesetzgeber festgelegt werden, dass entgegen der Ansicht der Finanzverwaltung[293] die Vornahme einer steuerlichen Teilwertabschreibung eines Gebäudes die AfA im selben Jahr nicht ausschließt, da dies mE eine ungerechtfertigte Ausweitung der steuerlichen Verlustausgleichsbeschränkung des § 6 Z 2 lit d EStG darstellt.

[292] Vgl *Kubat* in *Bertl/Mandl* (Hrsg), Handbuch zum Rechnungslegungsgesetz[21] (2017) § 204 Abs 1 – 2 Rz 21.
[293] Vgl EStR 2000; Rz 3112.

V. Fazit und Ausblick

Zusammenfassend lässt sich festhalten, dass bei der Beurteilung von baulichen Veränderungen an betrieblich genutzten Gebäuden durchaus Unterschiede zwischen UGB und EStG auftreten können. Während Herstellungsaufwand unternehmensrechtlich in § 203 Abs 3 UGB normiert wird und demnach bei Vorliegen bestimmter Tatbestände auftritt, ist dieser im EStG nicht eigens definiert und kann lediglich aus den Instandsetzungsaufwendungen abgeleitet werden. Dabei ist für die Annahme von Herstellungsaufwand auf eine Änderung der Wesensart des Gebäudes abzustellen.

Umstritten ist, ob jeder Aufwand, der in unternehmensrechtlicher Betrachtung Herstellungsaufwand auslöst, auch eine Änderung der Wesensart beim Gebäude bewirkt und somit auch im Steuerrecht als Herstellungsaufwand zu aktivieren ist. Insb bei der Beurteilung einer Erweiterung von Funktionen des Gebäudes sowie einer wesentlichen Verbesserung des Gebäudes gegenüber dem Zustand der Erstbilanzierung lässt sich häufig keine Änderung der Wesensart beim Gebäude feststellen, wodurch eine Deckungsgleichheit zwischen unternehmensrechtlichem und steuerlichem Herstellungsaufwand abzulehnen ist. Aufgrund der Tatsache, dass der Begriff „Wesensänderung" nicht abschließend definiert ist, ergibt sich für die Judikatur und die Finanzverwaltung bei der Auslegung des Begriffes allerdings ein gewisser Graubereich. Bei eingehender Betrachtung der Rechtsprechung lässt sich feststellen, dass eine Änderung der Wesensart oftmals vorschnell angenommen wird, ohne dass es dabei objektiv betrachtet zu einer tatsächlichen Wesensänderung des Gebäudes kommt.

Die Zuordnung von Aufwendungen zum Herstellungs- oder Erhaltungsaufwand ist deswegen von großer Bedeutung, da grundsätzlich nur Herstellungsaufwand zu aktivieren ist und über die Nutzungsdauer des Gebäudes verteilt werden muss. Dabei kann es sowohl in unternehmensrechtlicher als auch in steuerlicher Betrachtung zu Unklarheiten bei der Beurteilung der Nutzungsdauer eines Gebäudes kommen. So ist vorstellbar, dass nachträglicher Herstellungsaufwand gemeinsam mit dem Altgebäude über dessen Restnutzungsdauer zu verteilen ist, eine Verlängerung der Nutzungsdauer des gesamten Gebäudes bewirkt oder sogar getrennt vom bestehenden Gebäude zu behandeln ist. Dazu werden von der Finanzverwaltung zwar gewisse Empfehlungen ausgesprochen. Diese sind allerdings kritisch zu betrachten, widersprechen sich zum Teil und können so zu weiteren Unklarheiten beitragen.

Bauliche Veränderungen an betrieblich genutzten Gebäuden können auch Einfluss auf außerplanmäßige Wertminderungen des Gebäudes nehmen. So können diese einerseits eine außerplanmäßige Abschreibung im UGB verhindern und andererseits durch deren Unterlassen eine solche auslösen. Werden die Baumaßnahmen anschließend nachgeholt und kommt es zu einer tatsächlichen Wertaufholung beim Gebäude, kann durch die Baumaßnahmen auch eine Zuschreibung beim Gebäude bewirkt werden. Steuerlich ist diesen Vorschriften aufgrund des Maßgeblichkeitsprinzips zu folgen, wobei einer außerplanmäßigen Abschreibung steuerlich mit einer AfaA oder einer Teilwertabschreibung zu begegnen ist. Unterschiede zwischen UGB und EStG können dabei insb dann auftreten, wenn voneinander abweichende unternehmensrechtliche und steuerliche Wertansätze beim Gebäude vorliegen.

Obwohl vom Steuergesetzgeber grundsätzlich das Ziel einer Einheitsbilanz angestrebt wird, lassen sich bei der Beurteilung von baulichen Veränderungen an betrieblich genutzten Gebäuden einige Unterschiede zwischen UGB und EStG feststellen. Diese könnten zum Teil mit einer Angleichung gewisser Bestimmungen des UGB an das EStG bzw umgekehrt oder einer Neukodifizierung bestimmter Gesetzesstellen beseitigt werden. Dies könnte mE verwirklicht werden, ohne dass es dabei zu einer Gefährdung der jeweiligen Zielsetzungen von UGB und EStG kommt.

Es sei angemerkt, dass vom österreichischen Gesetzgeber im Zuge der COVID-19 Pandemie und der damit verbunden Wirtschaftskrise verschiedene Maßnahmenpakete zur Konjunkturerholung erlassen wurden. So beträgt unter anderem die steuerliche AfA künftig bei nach dem 30. Juni 2020 angeschafften oder hergestellten Gebäuden im Jahr der erstmaligen Berücksichtigung das Dreifache und im darauffolgenden Jahr das Doppelte des üblichen AfA-Prozentsatzes. Dabei entfällt die zwingende Berücksichtigung der steuerlichen Halbjahres-AfA gem § 7 Abs 2 EStG.

Solche Maßnahmen sind aus der Sicht des Steuerpflichtigen zwar begrüßenswert, tragen jedoch zu einer weiteren Auseinanderentwicklung zwischen Unternehmensbilanz und Steuerbilanz bei und stehen so der Verwirklichung einer Einheitsbilanz zusätzlich entgegen.

Schlussendlich ist die Umsetzung einer vollständigen Einheitsbilanz mE wohl nur schwer zu verwirklichen, da einer solchen nicht nur die Interessensgegensätze der Unternehmens- und Steuerbilanz, sondern auch die zunehmende Internationalisierung des UGB entgegensteht. Dennoch könnte an gewissen Stellen eine Vereinheitlichung zwischen UGB und EStG erfolgen und so ein Beitrag zur Vereinfachung für den Bilanzierenden geleistet werden.

Literaturverzeichnis

Kommentare zum UGB

Dieter/Hohensinner in *Zib/Dellinger* (Hrsg), UGB. Unternehmensgesetzbuch Großkommentar: Band III – Teil 1, 1. Auflage (2013) §§ 204, 208.

Eberhartinger/Amberger in *Hirschler* (Hrsg), Bilanzrecht. Band I: Einzelabschluss Kommentar, 2. Auflage (2019) § 208.

Fritz-Schmied/Kanduth-Kristen in *Kanduth-Kristen/Fritz-Schmied* (Hrsg), Bilanzposten-Kommentar, 1. Auflage (2017) AP A.II.1.

Graschitz/Steller in *Jabornegg/Artmann* (Hrsg), Unternehmensgesetzbuch. Kommentar: Band 2, 2. Auflage (2017) § 203.

Hilber in *Torggler* (Hrsg), UGB. Unternehmensgesetzbuch Kommentar, 3. Auflage (2019) § 198.

Hofbauer/Rohatschek in *Jabornegg/Artmann* (Hrsg), Unternehmensgesetzbuch. Kommentar: Band 2, 2. Auflage (2017) § 204.

Hofbauer/Schiemer-Haberl in *Jabornegg/Artmann* (Hrsg), Unternehmensgesetzbuch. Kommentar: Band 2, 2. Auflage (2017) § 208.

Janschek/Jung in *Hirschler* (Hrsg), Bilanzrecht. Band I: Einzelabschluss Kommentar, 2. Auflage (2019) §§ 203, 204.

Konezny in *Hirschler* (Hrsg), Bilanzrecht. Band I: Einzelabschluss Kommentar, 2. Auflage (2019) § 198.

Konezny in *Torggler* (Hrsg), UGB. Unternehmensgesetzbuch Kommentar, 3. Auflage (2019) §§ 203, 204, 208.

Lang in *Zib/Dellinger* (Hrsg), UGB. Unternehmensgesetzbuch Großkommentar: Band III – Teil 1, 1. Auflage (2013) § 203.

Loser/Urnik/Urtz in *Straube/Ratka/Rauter* (Hrsg), UGB. Wiener Kommentar zum Unternehmensgesetzbuch: Band II, 3. Auflage (2017) § 208.

Papst/Urnik/Urtz in *Straube/Ratka/Rauter* (Hrsg), UGB. Wiener Kommentar zum Unternehmensgesetzbuch: Band II, 3. Auflage (2017) § 204.

Urnik/Urtz in *Straube/Ratka/Rauter* (Hrsg), UGB. Wiener Kommentar zum Unternehmensgesetzbuch: Band II, 3. Auflage (2017) § 203.

Kommentare zum EStG

Atzmüller/Wiesner/Zangerl-Reiter in *Wiesner et al* (Hrsg), EStG, 28. Ergänzungslieferung (2019) § 6.

Doralt in *Doralt et al* (Hrsg), EStG, 13. Auflage (2009) § 7.

Doralt in *Doralt et al* (Hrsg), EStG, 18. Auflage (2016) § 8.

Kanduth-Kristen in *Kanduth-Kristen et al* (Hrsg), Jakom EStG, 13. Auflage (2020) §§ 7, 8.

Knechtl/Unger/Winkler in *Wiesner et al* (Hrsg), EStG, 26. Ergänzungslieferung (2018) § 4.

Laudacher in *Kanduth-Kristen et al* (Hrsg), Jakom EStG, 13. Auflage (2020) §§ 6, 9, 28.

Marschner in *Kanduth-Kristen et al* (Hrsg), Jakom EStG, 13. Auflage (2020)) §§ 4, 5.

Mayr in *Doralt et al* (Hrsg), EStG, 21. Auflage (2020) § 6.

Mühlehner in *Hofstätter/Reichel* (Hrsg), EStG, 58. Lieferung (2015) §§ 7, 8.

Winkler in *Wiesner et al* (Hrsg), EStG, 30. Ergänzungslieferung (2019) §§ 5, 7, 8.

Zorn in *Doralt et al* (Hrsg), EStG, 21. Auflage (2020) § 4.

Zorn in *Hofstätter/Reichel* (Hrsg), EStG, 53. Lieferung (2012) § 6.

Beiträge in Sammelwerke

Bertl, Die Bilanzierung von Immobilien nach UGB, in *Bertl et al* (Hrsg), Immobilien im Bilanz- und Steuerrecht, 1. Auflage (2007).

Egger in *Bertl/Mandl* (Hrsg), Handbuch zum Rechnungslegungsgesetz, 22. Auflage (2018) § 208 iVm § 906 Abs 32.

Egger, Einheitsbilanz in Österreich: Steuerrecht versus UGB unter besonderer Berücksichtigung des Maßgeblichkeitsprinzips, in *Bertl et al* (Hrsg), Bilanzpolitik – Wiener Bilanzrechtstage 2012, 1. Auflage (2013).

Fattinger/Patloch-Kofler in *Bertl/Mandl* (Hrsg), Handbuch zum Rechnungslegungsgesetz, 21. Auflage (2017) § 203 Abs 1 – 4.

Fellinger/Steinhauser, Die Änderungen in der Zugangs- und Folgebewertung bei Einkünften aus Vermietung und Verpachtung gem § 28 EStG – systematische Aufarbeitung und kritische Analyse, in *Urnik/Fritz-Schmied* (Hrsg), Jahrbuch Bilanzsteuerrecht 2014, 1. Auflage (2014).

Fraberger/Jann/Wytrzens, Grundstücke nach der Steuerreform 2015/16, in *iwp* (Hrsg), Wirtschaftsprüfer-Jahrbuch 2016, 1. Auflage (2016).

Fraberger/Petritz/Wytrzens, Allgemeine Bewertungsvorschriften, in *Bertl/Hirschler* (Hrsg), Handbuch der österreichischen Steuerlehre: Band II, 3. Auflage (2016).

Fraberger/Petritz/Wytrzens, Maßgeblichkeitsprinzip, in *Bertl/Hirschler* (Hrsg), Handbuch der österreichischen Steuerlehre: Band II, 3. Auflage (2016).

Fritz-Schmied, Die Abgrenzung der Anschaffungs- und Herstellungskosten von den Erhaltungsaufwendungen, in *Urnik/Fritz-Schmied* (Hrsg), Jahrbuch Bilanzsteuerrecht 2009, 1. Auflage (2009).

Fritz-Schmied/Urnik, Die Abgrenzung von Herstellungs- und Erhaltungsaufwand für (Miet-)Gebäude in unternehmens- und steuerrechtlicher Hinsicht: Status Quo und Überlegungen zur Vereinheitlichung, in *Urnik/Fritz-Schmied* (Hrsg), Jahrbuch Bilanzsteuerrecht 2018, 1. Auflage (2018).

Hirschler, Wertbegriffe im UGB, in *Bertl et al* (Hrsg), Wertmaßstäbe, 1. Auflage (2018).

Hirschler/Rohner, Besondere Bewertungsvorschriften, in *Bertl/Hirschler* (Hrsg), Handbuch der österreichischen Steuerlehre: Band II, 3. Auflage (2016).

Kovar/Hildebrand, Die Absetzung für Abnutzung bei Gebäuden, in *Haunold et al* (Hrsg), Immobilienbesteuerung, 4. Auflage (2016).

Kubat in *Bertl/Mandl* (Hrsg), Handbuch zum Rechnungslegungsgesetz, 21. Auflage (2017) § 204 Abs 1 – 2.

Petutschnig, Bewertungsmethoden im UGB-Jahresabschluss und Maßgeblichkeit, in *Bertl et al* (Hrsg), Wertmaßstäbe, 1. Auflage (2018).

Urnik/Brandt, Steuerliche Abschreibungskonzepte für Sachanlagen: Eine wirkungsanalytische und normative Betrachtung uB der Vorschläge im Entwurf zur „Gemeinsamen konsolidierten

Körperschaftsteuerbemessungsgrundlage“, in *Urnik/Fritz-Schmied* (Hrsg), Jahrbuch Bilanzsteuerrecht 2018, 1. Auflage (2018).

Urnik/Kandler, Die steuerliche Behandlung von Wertminderungen bei Grundstücken nach dem StRefG 2015/2016: systematische Betrachtung, Problembereiche und verbleibende Spielräume, in *Urnik/Fritz-Schmied* (Hrsg), Jahrbuch Bilanzsteuerrecht 2016, 1. Auflage (2016).

Wahrlich, Die einkommensteuerliche Behandlung von Maßnahmen und Abrechnungen nach dem Mietrechtsgesetz im Rahmen der Einkünfte aus Vermietung und Verpachtung, in *Haunold et al* (Hrsg), Immobilienbesteuerung, 4. Auflage (2016).

Monografien

Bertl/Deutsch-Goldoni/Hirschler, Buchhaltungs- und Bilanzierungshandbuch, 11. Auflage (2019).

Doralt/Ruppe, Grundriss des österreichischen Steuerrechts: Band I, 12. Auflage (2019).

Egger/Bertl, Der Jahresabschluss nach dem Unternehmensgesetzbuch: Band 1, 17. Auflage (2018).

Hirschböck/Kerschbaumer/Schurbohm, IFRS für Führungskräfte, 3., aktualisierte Auflage (2017).

Klinger et al, Praktische Immobilienbuchhaltung, 2. Auflage (2020).

Müller/Saile, Internationale Rechnungslegung (IFRS), 1. Auflage (2018).

Rohatschek, Sonderfragen der Bilanzierung, 6. Auflage (2019).

Thunshirn/Podovsovnik/Arsenijevic, Die Immobilien-Ertragssteuer, 3. Auflage (2018).

Beiträge in Zeitschriften

Beiser, Wirtschaftsgut und Nutzenpotenzial markieren die Grenzlinie zwischen Erhaltung und Herstellung, ÖStZ 2009 H 1/2, 5.

Bertl/Hirschler, Änderung des Abschreibungsplans aufgrund der Änderung der steuerrechtlichen AfA-Sätze, RWZ 2016 H 6, 189.

Fritz-Schmied/Kanduth-Kristen, Wertaufholung im Unternehmensrecht und Maßgeblichkeit gemäß § 6 Z 13 EStG – Geltung dem Grunde und der Höhe nach, RWZ 2016 H 11, 352.

Herzog, Einkommensteuerliche Änderungen bei den Grundstücken ab 2016, SWK 2016 H 23/24, 1035.

Hirschler, Einheitsbilanz: Implikationen für das Steuerrecht, RWZ 2015 H 7/8, 210.

Kanduth-Kristen, Grundstücksbegriff: Grundstücksbestandteil versus eigenständige Wirtschaftsgüter, immo aktuell 2020 H 1, 21.

Kanduth-Kristen/Fritz-Schmied, Wertminderungen von Betriebsgebäuden, SWK 2016 H 26, 1120.

Kirchmayr/Achatz, Der lange Weg zur Einheitsbilanz, taxlex 2015 H 3, 81.

Lang, Herstellungsaufwand, RdW 2010 H 2, 106.

Lang, Sind Modernisierungsarbeiten eine „Verbesserung"?, RdW 2012 H 11, 690.

Lindbauer, Die Einheitsbilanz aus unternehmensrechtlicher Sicht, RWZ 2015 H 7/8, 215.

Marchhart, Neuer Mindestansatz der Herstellungskosten nach § 203 Abs 3 UGB idF RÄG 2014, RWP 2017 H 1, 3.

Moser, Änderung der Nutzungsdauer des Anlagevermögens, SWK 2010 H 14/15, 515.

Orlet, Die schrittweise Annäherung des UGB an das EStG?, ÖStZ 2016 H 24, 690.

oV, Änderungen der betrieblichen Gebäudeabschreibung, BBi 2016 H 7, 1.

oV, Anschaffungs- und Herstellungskosten, BBi 2018 H 3, 1.

oV, Bilanzielle Behandlung von Aufwendungen im Zusammenhang mit dem Abbruch von Gebäuden, RWZ 2007 H 9, 257.

oV, Ermittlung der betriebsgewöhnlichen Nutzungsdauer, BBi 2018 H 10, 2.

oV, Herstellungskosten im Unternehmens- und Steuerrecht ab 2016, BBi 2017 H 5, 1.

oV, Instandsetzung oder Instandhaltung, BBi 2016 H 5, 3.

Prodinger, Nachweis einer abweichenden Nutzungsdauer, SWK 2018 H 6, 310.

Renner, Abgrenzung Herstellung - Erhaltung, ecolex 2012 H 4, 153.

Renner, Abgrenzung zwischen Herstellungs- und Erhaltungsmaßnahmen, UFS Journal 2012 H 4, 137.

Rohatschek/Broidl, Einheitsbilanz – (k)ein erstrebenswertes Ziel? SWK 2018 H 27, 1190.

Ryda/Langheinrich, Die Absetzung für Abnutzung für Gebäude und der auf diese getätigten Aufwendungen – eine Betrachtung im Lichte der Neuerungen des StRefG 2015/2016, FJ 2017 H 1, 13.

Winter et al, Änderung der Nutzungsdauer von Vermögensgegenständen und die damit einhergehenden bilanziellen und ertragssteuerlichen Konsequenzen, RWP 2017 H 3, 71.

Winter et al, Wiederkehrende Baustelle: Gebäudesanierung und Änderung des Abschreibungsplans, RWP 2018 H 6, 158.

Zimprich, Funktionsänderung eines Gebäudes stellt Herstellungsvorgang dar, SWK 2018 H 20/21, 913.

Zweimüller, Absetzung für außergewöhnliche Abnutzung bei Gebäudeabriss, SWK 2019 H 19, 828.

Onlinequellen

oV, Das Konjunkturstärkungsgesetz 2020 (KonStG 2020), Investitionsprämiengesetz (InvPrG) sowie Änderung des Umsatzsteuergesetzes wurde im Nationalrat beschlossen, online unter: https://steuerundservice.at/service/detail/news/das-konjunkturstaerkungsgesetz-2020-konstg-2020-investitionspraemiengesetz-invprg-sowie-aenderu/?tx_news_pi1%5Bcontroller%5D=News&tx_news_pi1%5Baction%5D=detail&cHash=fb38f8bfe8b9d5585d299b057c9ad3cf (2.8.2020).

PwC, Änderungen bei Konjunkturstärkungsgesetz und Investitionsprämiengesetz durch Regierungsvorlage, online unter: https://steuernachrichten.pwc.at/blog/2020/07/02/aenderungen-bei-konjunkturstaerkungsgesetz-und-investitionspraemiengesetz-durch-regierungsvorlage/ (2.8.2020).

FSC
www.fsc.org
MIX
Papier | Fördert
gute Waldnutzung
FSC® C083411

Kolibri 360 GmbH
Ferdinand-Jühlke-Straße 7
99095 Erfurt, Deutschland
produktsicherheit@kolibri360.de

Druck:
CPI Druckdienstleistungen GmbH
im Auftrag der
Kolibri 360 GmbH
Ferdinand-Jühlke-Str. 7
99095 Erfurt